高等职业教育"十三五"精品规划教材

（计算机网络技术系列）

网络安全技术项目化教程

主　编　段新华　宋风忠

副主编　伍又云　肖　玲

中国水利水电出版社
www.waterpub.com.cn

内 容 提 要

本书基于项目化教学方式编写而成，体现"基于工作过程"与"教、学、做一体化"的教学理念。读者能够通过项目案例完成相关知识的学习和技能的训练，每个项目案例都具有典型性、实用性、趣味性和可操作性。

本书内容划分为 9 个项目共 50 个任务，具体包括：网络安全概述、网络安全技术基础、密码与加密技术、操作系统安全与加固、计算机病毒与木马、网络攻击与防范、防火墙、流量整形系统、日志管理系统。

本书可作为高等职业院校和高等专科院校"网络安全技术"课程的教学用书，也可作为成人高等院校、各类培训、计算机从业人员和爱好者的参考用书。

本书配有电子教案，读者可以从中国水利水电出版社网站和万水书苑免费下载，网址为：http://www.waterpub.com.cn/softdown/和 http://www.wsbookshow.com。

图书在版编目（Ｃ Ｉ Ｐ）数据

网络安全技术项目化教程 / 段新华，宋风忠主编
. -- 北京：中国水利水电出版社，2016.8（2021.1重印）
高等职业教育"十三五"精品规划教材. 计算机网络
技术系列
ISBN 978-7-5170-4576-2

Ⅰ．①网… Ⅱ．①段… ②宋… Ⅲ．①计算机网络－
安全技术－高等职业教育－教材 Ⅳ．①TP393.08

中国版本图书馆CIP数据核字(2016)第173844号

策划编辑：祝智敏　　责任编辑：李 炎　　加工编辑：李艳松　　封面设计：李 佳

书　名	高等职业教育 "十三五" 精品规划教材（计算机网络技术系列） 网络安全技术项目化教程
作　者	主编 段新华 宋风忠 副主编 伍又云 肖 玲
出版发行	中国水利水电出版社 （北京市海淀区玉渊潭南路 1 号 D 座　100038） 网址：www.waterpub.com.cn E-mail：mchannel@263.net（万水） 　　　　sales@waterpub.com.cn 电话：（010）68367658（营销中心）、82562819（万水）
经　售	全国各地新华书店和相关出版物销售网点
排　版	北京万水电子信息有限公司
印　刷	三河市鑫金马印装有限公司
规　格	184mm×260mm　16 开本　16.5 印张　407 千字
版　次	2016 年 8 月第 1 版　2021 年 1 月第 3 次印刷
印　数	5001—6000 册
定　价	39.00 元

前　　言

近年来，高等职业技术教育得到了飞速发展，急需适合职业教育特点的网络安全课程的实用型教材。我们编写的这本教材基于全国职业院校技能大赛网络信息安全项目，将项目内容分解为多个任务环节，通过任务来实现对相关知识点的理解和学习，减少了枯燥难懂的理论，增加了安全使用网络、安全管理网络等实际操作能力的培养与训练。

本书主要特点如下：

1. 准确把握高职高专计算机网络专业人才的培养目标和特点，以项目为主线，以任务驱动及案例教学为核心。

2. 教材以培养技术应用型人才为目标，以企业对人才的需要为依据，将技能培养和主流技术相结合，侧重培养学生的实战操作能力。通过项目实践，以案例为中心，围绕案例中所用到的知识点进行讲解，增强学生的职业能力，将书本中的知识转化为专业技能。

3. "教、学、做一体化"的编写模式。通过一个个教学任务或教学项目，在做中学，在学中做，边学边做，重点突出技能培养，同时介绍解决思路和方法，培养学生未来在就业岗位上的终身学习能力。

4. "易教易学"，教材所有案例都可以在虚拟机上完成，便于教师授课、学生预习和自主学习，免费提供教材的电子课件及工具软件等资源。

全书共有 9 个项目：

项目 1：网络安全概述

项目 2：网络安全技术基础

项目 3：密码与加密技术

项目 4：操作系统安全与加固

项目 5：计算机病毒与木马

项目 6：网络攻击与防范

项目 7：防火墙

项目 8：流量整形系统

项目 9：日志管理系统

本书可作为高职高专院校计算机网络技术专业和信息安全专业的教材，也可供从事网络安全管理的技术人员使用。

本书是教学名师、企业工程师和骨干教师共同策划编写的一本工学结合教材，由段新华和宋风忠担任主编，伍又云和肖玲担任副主编。中国水利水电出版社的有关负责同志对本书的出版给予了大力支持。在本书编写过程中参考了大量国内外计算机网络文献资料，在此，谨向这些著作者以及为本书出版付出辛勤劳动的同志表示感谢！

计算机网络安全技术发展迅速，书中不足之处在所难免，恳请广大读者提出宝贵意见。

作者 E-mail：sky99325@163.com。

编　者

2016 年 5 月

目　　录

1

网络安全概述

随着互联网的发展，人类享受着"随时、随地、随物"的三种维度的自由。越来越多的人更加离不开有网络的生活。网络安全不仅关系着国家的安全，更加关系着社会每个人的安全。

- 掌握网络安全的含义、网络安全威胁。
- 掌握安全体系的基本结构。

任务 1　网络安全引言

【任务描述】

随着计算机技术的飞速发展，信息网络已经成为社会发展的重要保证。信息这种重要的战略资源，也从原来的军事、科技、文化和商业渗透到当今社会的各个领域，它在社会生产、生活中的作用日益显著。通过网络，可将信息进行传播和共享，信息的传播是可控的，信息的共享是授权的，因此，信息的安全性和可靠性在任何状况下是必须要保证的。

【任务要求】

了解计算机网络安全涉及的应用。

【知识链接】

引言

计算机网络是信息社会的基础，已经进入社会的各个角落，经济、文化、军事和社会生活越来越多地依赖计算机网络。然而，开放性的网络在给人们带来巨大便利的同时，其安全性如何保证？因此，计算机网络的安全性成为信息化建设的一个核心问题。

计算机网络中存储、传输和处理的信息多种多样，许多是敏感信息，甚至是国家机密，例如政府宏观调控决策、商业经济信息、股票证券、科研数据等重要信息。由于网络安全漏洞，可能会造成信息泄露、信息窃取、数据篡改、数据破坏、计算机病毒、恶意发布等事件，由此造成的经济损失和社会危害难以估量。全世界计算机犯罪以每年大于 100%的速度增长，网络的黑客攻击事件以每年 10 倍的速度增长。我国的计算机犯罪已经渗透到了许多方面，2011 年 12 月，国内知名网站 CSDN 遭到黑客攻击，大量用户数据库被公布在互联网上，600 多万个明文的注册邮箱被迫裸奔。在用户数据最为重要的电商领域，也不断传出存在漏洞、用户泄露的消息，据有关部门统计，我国 90%以上的电子商务网站存在着严重的安全漏洞，网络安全面临着日益严重的威胁。

任务 2 网络安全的含义

【任务描述】

什么是网络安全？每个接触计算机的人都会有这个疑问。理解网络安全的含义是学习和掌握它的基础。

【任务要求】

理解计算机网络安全的含义。
了解网络安全的特征。

【知识链接】

1. 什么是网络安全

全球信息化浪潮的影响日益加深，信息网络技术的应用日益普及，应用领域不断扩大，从传统的小型业务系统逐渐向大型的关键业务系统扩展，如党政机关的信息系统、企业商务系统、金融业务系统等，应用层次也在不断深入，伴随着网络的普及，安全成为影响网络化效能的重要因素。而互联网所具有的国际性、开放性和自由性在增加应用方便的同时，安全成了首要问题，是必不可忽视的重要组成部分。

网络安全在不同的应用场合和不同的应用对象中，称呼不一，因此网络安全有许多不同的说法。网络安全又被称为网络信息安全、信息网络安全、信息安全、网络安全威胁、网络安全攻防和网络安全技术等，在不引起错误的情况下，为描述问题方便，在不同的章节可能会引用其中一种说法。网络安全包括解决或缓解计算机网络技术应用过程中存在的安全威胁的技术手段或管理手段，也包括这些安全威胁本身及相关的活动。网络安全的不同说法代表网络安全不同角度和不同层面的含义，网络安全威胁和网络安全技术是网络安全的最基本的表现。

网络安全是指利用网络管理控制和技术措施，保证在一个网络环境里，数据的机密性、完整性及可使用性受到保护。根据网络安全的特点，网络安全问题包括两方面的内容：一是网络本身的系统安全，二是网络的信息安全。而网络安全的最终目的是信息安全，要想信息安全必须保证网络系统软件、应用软件、数据库系统具有一定的安全保护功能，并保证网络部件，如终端、调制解调器、数据链路的功能仅仅能被那些被授权的人访问。

从广义上来说，凡是涉及网络上信息的保密性、完整性、可用性、不可否认性和可控制性的相关技术和理论都是网络安全的领域。保密性是指信息不暴露给未授权的实体或进程；完整性是指只有得到授权的实体才能修改数据，并且能够判别出数据是否已被篡改；可用性说明得到授权的实体在需要时可访问数据，即攻击者不能占用所有的资源而阻碍授权者的工作；可控性表示可以控制授权范围内的信息流向及行为方式；可审查性指对出现的网络安全问题提供调查的依据和手段。

网络安全的具体含义随观察者角度不同而不同。对安全保密部门来说，希望对非法的、有害的或涉及国家机密的信息进行过滤和防堵，避免机要信息泄露，避免给国家造成损失，避免对社会产生危害。从社会教育和意识形态来说，网络上不健康的内容会对社会的稳定和人类的发展造成威胁，会影响青少年的发展，必须对其进行控制。从网络运行和管理者角度来说，希望其网络的访问、读写等操作受到保护和控制，避免出现后门、病毒、非法存取、拒绝服务、网络资源非法占用和非法控制等威胁，制止和防御黑客的攻击。从用户个人、企业等的角度来说，希望涉及个人隐私或商业利益的信息在网络上传输受到机密性、完整性和不可否认性的保护，避免其他人或对手利用窃听、冒充、篡改、抵赖等手段侵犯，也就是说用户的利益和隐私不被非法窃取和破坏。

2. 网络安全的特征

网络的安全，就是要保障网络的信息安全。信息安全的特征有哪些呢？

（1）保密性。

保密性是指信息不暴露给未授权的实体或进程。

（2）完整性。

完整性是指数据未经授权不能进行改变的特性，即信息在存储或传输过程中保持不被修改、破坏和丢失的特性。

（3）可用性。

可用性指网络信息可被授权实体正确访问，并按要求能正常使用，或在非正常情况下能恢复使用的特征，即在系统运行时能正确存取所需信息。当系统遭受攻击或破坏时，能迅速恢复并能投入使用。比如网络环境下的拒绝服务，破坏网络和有关系统的正常运行等都属于对可用性的攻击。

（4）不可否认性。

不可否认性是指通信双方在信息交互过程中，确信参与者本身以及参与者所提供的信息的真实同一，即所有参与者都不可否认或抵赖本人的真实身份，以及提供信息的原样性和完成的操作与承诺。

（5）可控性。

可控性指对流通在网络系统中的信息传播及具体内容能够实现有效控制的特性，即网络系统中的任何信息要在一定的传输范围和存放空间内可控，除了采用常规的传播站点和传播内容监控这种形式外，最典型的如密码的托管政策，当加密算法交由第三方管理时，必须严格按规定可控执行。

任务 3   网络安全体系结构

【任务描述】

了解网络的体系结构，不同层有不同的安全隐患，针对这些隐患可以更充分地预警。网络安全体系结构详细地说明了网络的划分。

【任务要求】

了解计算机网络安全的体系结构。

【知识链接】

1. OSI 参考模型

将不同地理位置的具有独立功能的多台计算机系统，通过通信设备和线路互相连接起来，就组成了计算机网络。计算机网络可以看成多台计算机的集合，每台计算机独立自治，具有完整的计算机系统，每台计算机之间又相互联系，可以交换信息数据，通过网络可以实现资源共享等功能，为人们的生活提供了很大的方便。

计算机之间的连接由硬件实现，可以有不同的介质，无线电、激光、卫星微波等。计算机之间的信息交换分为物理和逻辑两种形式，物理含义指的是通过比特流传输实现直接相连的两台计算机之间的信息交换，逻辑含义是指计算机之间交换的信息具有一定的逻辑结构，直接或间接地代表用户需要的形式。简单来说，物理交换通过硬件来实现，逻辑交换通过软件来实现。

计算机之间进行的通信传输，必须遵守相应的通信规则，使用同样的通信协议。计算机网络通信协议通过程序来实现，大多数网络采用了分层的体系结构，每一层实现不同的功能。

1985 年，国际标准化组织（International Standard Organization）提出了一种网络互连模型 OSI（Open System Interconnect）。OSI 是一种开放式互连的体系结构，一般又称 OSI 模型，这种模型将网络体系结构划分为七层，由上到下分别为应用层、表示层、传输层、会话层、网络层、数据链路层、物理层。OSI 模型及所对应的功能如表 1-1 所示。

表 1-1   OSI 模型的各层功能图

OSI 模型	主要功能
应用层	网络服务与用户应用程序间的一个接口
表示层	数据传递的语法与语义（数据表示、数据安全、数据压缩）
传输层	会话的建立、管理和终止

续表

OSI 模型	主要功能
会话层	用一个寻址机制来标识一个端口号
网络层	基于网络层地址（IP 地址）进行不同网络系统间的路由选择
数据链路层	物理链路上无差错地传送数据帧（通过使用接收系统的硬件地址或物理地址来寻址）
物理层	建立、维护和取消物理连接

发送进程传输给接收进程的数据，通过物理层逐层传输到应用层，接收进程的数据传输正好是反过程。

2. TCP/IP 协议

OSI 参考模型只是描述了一些概念，用来协调进程间通信标准的制定，并没有提供一个可以实现的方法。在现实网络世界里，应用更多的是 TCP/IP（Transmission Control Protocol/Internet Protocol，传输控制协议/网际互联协议）。TCP/IP 也是一个开放模型，与 OSI 参考模型相比，其结构更加简单，TCP/IP 是因特网最基本的协议，也是因特网的基础，它是由多个协议组成的协议组，是互联网使用的标准协议。目前，几乎每个重要的操作系统都支持 TCP/IP 进行网络传播。

与 OSI/RM 不同，TCP/IP 体系分为四个功能层，从上到下依次是应用层、传输层、网络层、网络接口层。和 OSI 参考模型对应关系如表 1-2 所示。

表 1-2　TCP/IP 体系与 OSI 参考模型对应关系表

TCP/IP 体系	OSI 参考模型
应用层	应用层
	表示层
	会话层
传输层	传输层
网络层	网络层
网络接口层	数据链路层
	物理层

TCP/IP 体系结构各层功能如下：

（1）应用层。

应用层是体系结构的最高层，直接为用户的进程服务，应用层可提供不同需求和特性的管理服务和应用服务。常见的有万维网应用（HTTP 协议）、远程登录（Telnet）、电子邮件（SMTP 协议、POPs）、文件传输（FTP 协议）、网络管理（SNMP）、域名系统（DNS）等。

（2）传输层。

传输层的功能是向两个主机中的进程之间提供通信服务。传输层为信源节点和目的节点间的通信提供端到端的数据传输，而通信子网只能提供邻节点之间点到点的传输。由于传输层为多个进程提供通信服务，为了区别，传输层使用端口区分进程。传输层的协议主要有 TCP 和 UDP。

TCP 协议，即传输控制协议，是一种面向连接的服务，可以提供可靠的数据传输。

UDP 协议，即用户数据报协议，是一种无连接的协议，不能提供可靠的数据传输。

（3）网络层。

网络层通常又称为 IP 层，提供两个主机之间的通信服务。其主要功能是分组转发和路由选择，实现网络中点对点互连。网络层通过 IP 地址区分不同的主机，主机和通信设备通过 IP 地址选择合适的路由。

（4）网络接口层。

网络接口层又称为数据链路层，实现了网络中相邻设备之间的互连。在相邻的两个节点之间传输数据时，数据链路层将 IP 层传下来的数据封装成帧，然后通过物理层传送到路由器或目的主机，在共享传输介质的网络中，链路层通过 MAC 地址区分目的主机。

3. 安全体系

计算机网络系统的安全体系综合多方面进行考虑，如图 1-1 所示。

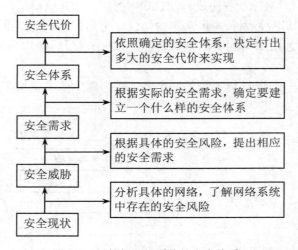

图 1-1　计算机网络系统的安全体系

任务 4　网络安全威胁

【任务描述】

人们利用通信网络将独立的计算机连接起来，随之而来产生的安全问题也是人们必须要研究解决的。那么，有哪些因素对网络的安全构成威胁呢？

【任务要求】

了解网络安全的威胁原因。

了解网络安全的威胁现状。

了解网络安全的威胁发展趋势。

【知识链接】

1. 网络系统自身的脆弱性

网络安全不仅包括信息安全，还有系统自身的安全，二者缺一不可。信息安全主要是各种信息的存储、传输的安全，主要体现在保密性、完整性、可控性和不可否认性上；系统安全主要有网络设备的硬件、操作系统和应用软件的安全。对于系统安全威胁，主要是由于计算机网络系统自身的原因，可能存在不同程度的脆弱性，为各种动机的攻击提供了入侵、骚扰和破坏系统的途径和方法。

（1）硬件系统。

网络硬件系统的安全隐患主要表现在物理安全方面的问题。计算机或网络设备，包括主机、显示器、电源、交换机、路由器等，除了难以抗拒的自然灾害外，温度、湿度、静电、电磁场等也可能造成信息的泄露或失效，甚至危害使用者的健康和生命安全。

（2）软件系统。

软件系统的安全隐患来源于设计和软件工程中的问题。软件设计中的疏忽可能留下安全漏洞，如"冲击波"病毒就是针对操作系统中的漏洞实施攻击。软件系统的安全隐患主要表现在操作系统、数据库和应用软件上。

（3）网络和通信协议。

Internet 上普遍使用的标准主要基于 TCP/IP 架构。TCP/IP 在设计上存在着一定不足，对于安全问题，不能提供通信所需的安全性和保密性。虽然 TCP/IP 经历了多次改版升级，但由于协议本身的原因，未能彻底解决自身的安全问题，存在以下隐患。

①缺乏用户身份鉴别机制。TCP/IP 使用 IP 地址作为网络节点的唯一标识，而 IP 地址很容易被伪造或更改。TCP/IP 没有树立对 IP 包中源地址真实性的鉴别和保密机制，因此，Internet 上任何一台主机都可以假冒另一台主机进行地址欺骗，使得网上传输数据的真实性无法得到保证。

②缺乏路由协议鉴别机制。TCP/IP 在 IP 层上缺乏对路由协议的安全认证机制，对路由信息缺乏鉴别和保护。因此，可以通过 Internet 利用路由信息修改网络传输路径，误导网络分组传输。

③缺乏保密性。TCP/IP 数据流采用的明文传输方式无法保障信息的保密性和完整性。

④TCP/UDP 的缺陷。TCP/UDP 是基于 IP 上的传输协议，TCP 分段和 UDP 数据包是封装在 IP 包中传输的，除可能面临 IP 层所遇到的安全威胁外，还存在 TCP/UDP 实现中的安全隐患。例如，攻击者可以利用 TCP 建立所需要的"三次握手"，使 TCP 连接处于"半打开状态"，实现拒绝服务攻击。UDP 是个无连接协议，极易受到 IP 源路由和拒绝服务攻击。

⑤TCP/IP 服务的脆弱性。各种应用层服务协议（如 FTP、DNS、HTTP、SMTP 等）本身存在安全隐患，涉及身份鉴别、访问控制、完整性和机密性多个方面。

2. 网络安全威胁现状

随着网络应用在越来越多的领域，大量数据信息存储在计算机上，如政府机关大量的机密文件，军事研究的重要数据，企业的商业秘密，个人的账号信息等。这些信息的安全受到很多威胁甚至是攻击，一些非法入侵他人网络的人，窃取和篡改机密材料和个人信息，破坏网络通信等。据专家分析，我国大部分的网站是不安全的，有些网站可以轻易被入侵，给人们的生活带来不愉快和尴尬的事例屡见不鲜。

网络安全威胁是指实体对网络资源的保密性、完整性和可用性在合法使用时可能造成的危害,这些可能出现的危害,是受某些别有用心的人通过一定的攻击手段来实现的。网络系统的安全威胁主要表现在主机可能会收到非法入侵者的攻击,网络中的敏感数据可能会泄露或被修改,从内部网向公众网传送的信息可能被他人窃听或篡改等。

网络安全威胁根据攻击方式不同,可划分为主动攻击方式和被动攻击方式两大类,主要有以下几个方面。

- 截获:攻击者从网络上窃听他人的通信内容;
- 中断:攻击者有意中断他人在网络上的通信;
- 篡改:攻击者故意篡改网络上传送的通信内容;
- 伪造:攻击者伪造网络上的通信内容并进行传送。

上述攻击方式中,截获信息属于被动攻击,中断、篡改和伪造是主动攻击。除此之外,网络威胁还有许多攻击方式,例如计算机病毒、计算机蠕虫、特洛伊木马和逻辑炸弹等多种恶意程序。近年来,计算机病毒都是与网络结合,同时具有多种攻击手段和传播方式,病毒技术与黑客技术的结合对信息安全会造成更大的威胁,潜在的威胁和损失将会更大。安全威胁与互联网相结合,利用一切可利用的资源,如电子邮件、远程管理即时通信工具等方式进行传播。从发展趋势来看,现在的病毒已经由相对单一传播的单种行为,逐渐发展成多种传播的复杂方式,集黑客、木马于一体的电子邮件、文件传染等方式对用户的利益造成很大的威胁,新的网络安全威胁破坏性极强,欺骗性强,利用系统的安全漏洞,扩展速度极快。随着手机、平板等无线终端设备的普及,出现了很多对于无线网络的安全威胁,使用远程网络攻击,手机流量无故增大,用户密码泄露,手机被窃听等,很多用户的隐私被泄露。

3. 网络安全威胁的原因

根据网络安全威胁的各种方式,原因有以下几点:

(1)系统的开放性。

共享、开放是计算机网络的优势和目的,但随着开放系统应用环境的不同,开放对象的多种多样以及开放规模的增大,网络安全威胁存在隐患。

(2)系统的复杂性。

随着计算机硬件规模及软件规模的不断增大,设计环境和应用环境的差异,使得设计不可能"完美无瑕",不可避免地将会导致软件漏洞、硬件漏洞、设计缺陷等问题。复杂的系统使得安全威胁的可能性更大,设计人员才会投入大量的人力、物力、财力来不断完善设计系统,减小安全威胁的风险。

(3)人为因素。

网络系统的最终使用者是人,人与人之间的差异不可避免地会造成网络安全威胁。现实社会还会存在违法犯罪,网络的世界也不例外,计算机犯罪的事例屡见不鲜,人为因素是网络安全威胁的最大隐患。

4. 网络安全威胁趋势

随着互联网规模扩大和用户的级数增加,网络安全攻击和威胁的形式将更加严峻。网络安全威胁的新趋势如下:

(1)攻击行为政治化。

电子政务的建设和其他安全需求部门的网络系统的普及,网络攻击行为不仅仅是简单的恶意行为,更涉及到国家的安危、机密。以政治破坏为目的的危害国家利益的网络攻击行为在不断升级,更成为网络安全威胁发展的新趋势。

(2)攻击行为智能化。

随着计算机技术的进步,越来越多的攻击技术已被封装成一些免费的工具,在用户不经意的时候自动利用工具,网络攻击的自动化以及攻击速度越来越高。

(3)攻击行为的不对称性。

互联网上的安全是相互依赖的,全球每个互联网系统的安全状态都会影响其相连的网络系统遭受攻击的可能性,由于计算机分布式技术的不断发展,攻击者可以利用分布式系统,轻易地对受害者发动攻击,破坏系统的安全,分布式技术使得网络安全的威胁增大。

(4)对基础设施的攻击。

基础设施攻击是大面积影响互联网组成部分的攻击。由于用户越来越多地依赖互联网完成日常事务,因此攻击基础设施会严重影响人们的日常生活,造成大面积瘫痪。基础设施的攻击行为主要有分布式拒绝服务攻击、蠕虫病毒、对互联网域名系统的攻击、对路由器攻击和利用路由器的攻击。

(5)病毒与网络攻击融合。

互联网普及程度不高时,病毒行为和网络攻击行为界限分明,而现阶段病毒行为和网络攻击之间是相互联系着的,很难有分明的界限,网络成为病毒传播的主要途径,病毒技术、黑客技术与互联网结合可以形成更严重的攻击效果。

【思考与练习】

理论题

1. 网络安全的含义是什么?
2. 简述网络面临的安全威胁。

2

网络安全技术基础

同现实生活一样，网络攻击者在开始入侵之前，往往要对对方的计算机进行一系列的"踩点"活动，将最大限度地获得对方的信息，然后从这些信息中找到对方的计算机漏洞，进行完准备工作再一举入侵，成功攻击对方计算机。

● 掌握常用的网络安全命令。

任务 1　网络基础介绍

【任务描述】

错综复杂的网络和数百上千的计算机怎么才能正常连接？主机之间相互不干涉能正常运作，数据又是如何正确地通过网络上传和下载的呢？计算机能通过网络共享资源，那么网络的安全就成为首要考虑的问题，也就是如何能保证系统连续可靠正常地运行，网络服务不中断。通过了解网络技术的一些基本知识能更好地理解网络是如何运行的。

【任务要求】

了解关于网络 IP 地址及端口的一些相关知识。

【知识链接】

1. IP 地址

Internet 网络上连接着数千百万的计算机主机，人们给每台主机都分配了一个联网专用的逻辑地址以区别这些主机，这个专门的地址称为 IP 地址。IP 地址具有唯一性，不重复，因此通过 IP 地址就可以访问世界上的任意一台计算机主机。

IP 地址由 4 部分十进制数字组成，各部分之间用小数点隔开，每部分十进制数字对应一个 8 位二进制数，共 32 位二进制数，例如，某台计算机主机的 IP 地址为 106.42.133.238。地址空间的不足必将妨碍互联网的进一步发展。为了扩大地址空间，拟通过 IPv6 重新定义地址空间，IPv6 采用 128 位地址长度。

IP 地址现由因特网名字与号码指派公司 ICANN（Internet Corporation for Assigned Names and Numbers）分配，Internet 的 IP 地址由 NIC（Internet Network Information Center，因特网信息中心）统一负责全球地址的规划、管理。同时由 Inter NIC 具体负责美国及其他地区的 IP 地址分配；APNIC（Asia Pacific Network Information Center）负责亚洲地区的 IP 地址分配；ENIC 负责欧洲及其他地区的 IP 地址分配。

- 固定 IP：固定 IP 地址是长期固定分配给一台计算机使用的 IP 地址，一般只有特殊的服务器才拥有固定 IP 地址。
- 动态 IP：由于 IP 地址资源非常短缺，电话拨号上网或者普通宽带上网用户一般不具备固定 IP 地址，而是由 ISP 动态分配暂时的一个 IP 地址。用户一般不需要去了解动态 IP 地址，这些是由计算机系统自动完成的。
- 公有地址（Public Address）：由 Inter NIC 负责。这些 IP 地址分配给注册并向 Inter NIC 提出申请的组织结构，通过它可以直接访问因特网。
- 私有地址（Private Address）：属于非注册地址，专门为组织结构内部使用，以下列出留用的内部私有地址：

  A 类：10.0.0.0～10.255.255.255

  B 类：172.16.0.0～172.31.255.255

  C 类：192.168.0.0～192.168.255.255

2. 计算机端口

（1）什么是端口。

端口（Port）可以认为是设备与外界通信交流的出口。端口的含义有以下两种：

物理端口：又称为接口，是可见端口，主要用于连接其他网络设备。如交换机、路由器、集线器等的 RJ-45 端口，计算机背板的 RJ-45 网口，MODEM 的 Serial 端口，电话使用的 RJ-11 插口等。

逻辑端口：一般是指 TCP/IP 中的计算机或交换机、路由器内的端口，不可见。端口号的范围为 0～65535，如用于 FTP 服务的 21 端口；用于浏览网页服务的 80 端口等。

在 Internet 上，各主机间通过 TCP/IP 协议发送和接收数据包，各个数据包根据其目的主机的 IP 地址来进行互联网络中的路由选择，把数据包顺利地传送到目的主机。大多数操作系统都支持多程序（进程）同时运行，那么目的主机应该把接收到的数据包传送给众多同时运行的进程中的哪一个呢？为了解决这个问题，引入了端口机制。

本地操作系统会给那些有需求的进程分配协议端口（protocol port），每个协议端口由一个正整数标识，如 80、139、445 等。当目的主机接收到数据包后，将根据报文首部的目的端口号，把数据发送到相应端口，而与此端口相对应的那个进程将会领取数据并等待下一组数据的到来。

端口其实就是队，操作系统为各个进程分配了不同的队，数据包按照目的端口被推入相应的队中，等待进程取用，在极特殊的情况下，这个队也是有可能溢出的，不过操作系统允许各进程指定和调整自己队的大小。不光接收数据包的进程需要开启它自己的端口，发送数据包的进程也需要开启端口，这样，数据包中将会标识有源端口，以便接收方能顺利地回传数据包到这个端口。

（2）详解端口。

如果把 IP 地址比作一间房子，端口就是出入这间房子的门。真正的房子只有几个门，但是一个 IP 地址的端口最多可以有 65536 个。端口是通过端口号来标记的，端口号只有整数，范围是 0～65535。不同的服务如 Web 服务、FTP 服务、SMTP 服务等通过不同的端口门进入到拥有 IP 地址的主机这个大房子中来实现。由上可以看出，一个 IP 地址可以对应多个网络服务，显然主机不能只靠 IP 地址来区分不同的网络服务，实际上通过"IP 地址+端口号"来区分不同的服务。换言之，如果没有端口，每一个服务进程要占用一个 IP 地址，这是一种极大的浪费。

一般一个端口对应一个应用程序，发送到这个端口的数据被这个应用程序接收，但是一个应用程序可以对应多个端口。

（3）端口类型。

- 公认端口（Well Known Ports）：范围是 0～1023，一般固定分配于一些服务。例如 80 端口分配给 WWW 服务，21 端口分配给 FTP 服务等。
- 注册端口（Registered Ports）：范围是 1024～49151，分配给用户进程或应用程序。这些进程主要是用户选择安装的一些应用程序，而不是已经分配好了公认端口的常用程序。这些端口在没有被服务器资源占用的时候，可以由用户端动态选用为源端口。例如，许多系统处理动态端口从 1024 左右开始。
- 动态端口（Dynamic Ports）：范围是 49152～65535。之所以称为动态端口，是因为它一般不固定分配某种服务，而是动态分配。

3．端口扫描及端口扫描器

端口扫描是指某些别有用心的人发送一组端口扫描消息，试图以此侵入某台计算机，并了解其提供的计算机网络服务类型（这些网络服务均与端口号相关）。攻击者可以通过它了解到从哪里可探寻到攻击弱点。实质上，端口扫描包括向每个端口发送消息，一次只发送一个消息。接收到的回应类型表示是否在使用该端口并且可由此探寻弱点。

扫描器是一种自动检测远程或本地主机安全性弱点的程序，通过使用扫描器可以不留痕迹地发现远程服务器的各种 TCP 端口的分配及提供的服务和它们的软件版本，这样就能间接或直观地了解到远程主机所存在的安全问题。

【思考与练习】

理论题

1．IP 地址的含义是什么？
2．常用的端口有哪些？

任务 2　常用网络安全命令

【任务描述】

2014 年 9 月，一个严重的 Bash 安全漏洞影响了许多用户。Bash 是 Linux 用户广泛使用的一款用于控制的命令提示符工具，从而导致该漏洞影响范围甚广。安全专家表示，由于并非所有运行 Bash 的电脑都存在漏洞，所以受影响的系统数量有限。不过，Shellshock 本身的破坏力却更大，因为黑客可以借此完全控制被感染的机器，不仅能破坏数据，甚至会关闭网络，或对网站发起攻击。

网络攻击者经常还要配合使用一些命令，因此必须掌握和学习一些常见的网络安全命令，才能对追踪网络攻击者有所帮助，提高自身系统的防御能力。

【任务要求】

了解并掌握一些常用的网络安全命令。

【实现方法】

1．探测 IP 地址——ipconfig

每个用户如何探知自己电脑的 IP 地址呢？Windows 系统中，在"开始"菜单中选择"运行"命令，在打开的"运行"对话框中输入"cmd"命令，如图 2-1 所示。

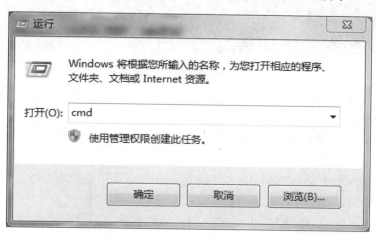

图 2-1　在"运行"对话框中输入"cmd"命令

在打开的命令提示符窗口中输入 ipconfig，并按 Enter 键，如图 2-2 所示。此时可显示本机的 IP 信息。其中外网 IP 地址为 169.254.248.80，子网掩码为 255.255.0.0，如图 2-3 所示。

图 2-2　输入 "ipconfig" 命令

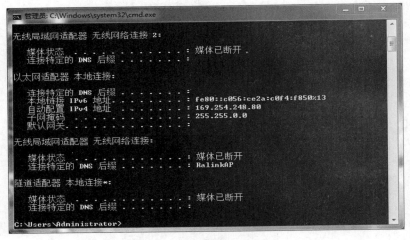

图 2-3　本机的外网 IP 地址

输入 ipconfig/all 命令，可见一个物理地址：E4-D5-3D-02-23-42，这是计算机的唯一网卡地址，如图 2-4 所示。

以太网的 IP 地址（局域网的 IP 地址）为 192.168.18.1，虚拟机的 IP 地址是 192.168.61.1，如图 2-5 所示。

【小知识】网卡地址 MAC（Media Access Control，介质访问控制）是识别 LAN（局域网）节点的标识。网卡的物理地址通常是由网卡生产厂家烧入网卡的 EPROM（一种闪存芯片，通常可以通过程序擦写），它存储的是传输数据时真正赖以标识发出数据的电脑和接收数据的主机的地址。

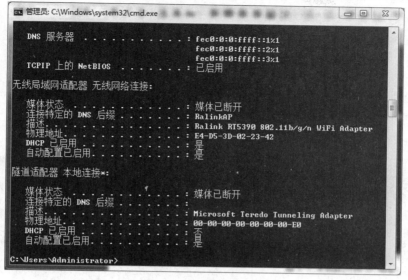

图2-4 本机的网卡信息

图2-5 局域网 IP 地址

也就是说,在网络底层的物理传输过程中,是通过物理地址来识别主机的,它也是全球唯一的。比如著名的以太网卡,其物理地址是 48bit(比特位)的整数,以太网地址管理机构(IEEE)将以太网地址也就是 48 比特位的不同组合,分为若干独立的连续地址组,生产以太网网卡的厂家就购买其中一组,具体生产时,逐个将唯一地址赋予以太网卡。

形象地说,MAC 地址就如同身份证上的身份证号码,具有全球唯一性。

2. 连接测试——ping

ping 是测试网络连接状况以及信息包发送和接收状况非常有用的工具,是网络测试最常用的命令。ping 向目标主机(地址)发送一个回送请求数据包,要求目标主机收到请求后给予答复,若对方回应,可判断本机与目标主机网络连通;若提示 request time out,说明本机与目标主机网络不通。同时，ping 命令可显示两台计算机的连接时间及速度。

在 Windows 操作系统中，通常与网络安全有关的命令是 ping\winipcfg\tracert\net\at\netstat。ping 是 TCP/IP 中有用的命令之一。

（1）在命令提示符窗口下输入 ping 命令，ping 命令格式为：

ping IP 地址或主机名 [-t] [-a] [-n count] [-l size][-f][-i TTL][-v TOS][-r count][-s count][[-j host-list] ┆ [-k host-list]][-w timeout][-R][-S srcaddr][-4][-6] target_name

如图 2-6 所示。

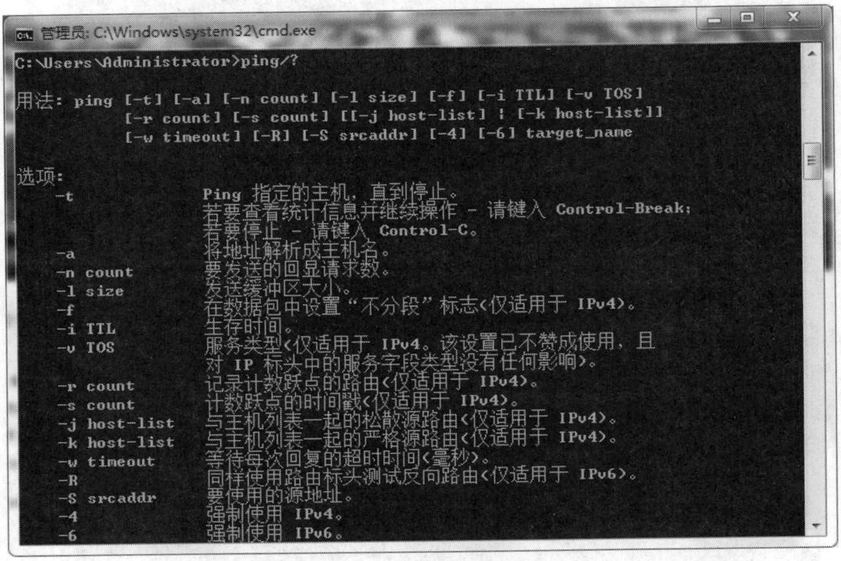

图 2-6　ping 命令格式图

参数含义：

-t：不停地向目标主机发送数据；

-a：以 IP 地址格式来显示目标主机的网络地址；

-n count：指定要 ping 多少次，具体次数由 count 来指定，默认值为 4；

-l size：指定发送到目标主机的数据包的大小；

-f：在数据包中发送"不要分段"标志，数据包就不会被路由上的网关分段；

-i TTL：表示 DNS 记录在 DNS 服务器上的缓存时间。

一般情况下 ping 命令正常的返回值如图 2-7 所示。其中的数据含义为：每次发送 32 字节的数据，返回时间为 0ms，TTL 值为 128；数据包发送了 4 个，收到 4 个，损耗 0。

根据 ping 命令后所跟参数不同，查看的功能不尽相同。例如，通过 ping 能判断目标主机的类型，通常来说：

- TTL=32 认为目标主机操作系统为 Windows 95/98；
- TTL=64～128 认为目标主机操作系统为 Windows 2000/XP；
- TTL=128～255 或者 32～64 认为目标主机操作系统为 UNIX/Linux。

以本机为例，命令为 ping 169.254.248.80，可以看到 TTL=64，说明是 Windows 操作系统，如图 2-8 所示。

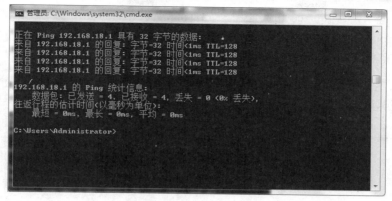

图 2-7　ping 命令返回值

图 2-8　ping 本机的 TTL 返回值

以某网站为例，测试一下 ping 命令：ping www.sina.com.cn，如图 2-9 所示。

图 2-9　ping 网站主机的 TTL 返回值

TTL=56，说明www.sina.com.cn 使用的是 Linux主机。

（2）可以 ping 出一个网站的 IP 地址：ping www.baidu.com，得到当时这个网站绑定的 IP 地址为：111.13.100.92，如图 2-10 所示。

图 2-10 百度服务器的 IP 地址

（3）ping 本机命令"ping 127.0.0.1"，是为了检查本地的 TCP/IP 协议是否正常，但它仅是查看该协议是否正常，即使网卡禁用或者没有接入网络也都会返回正常，如图 2-11 所示。

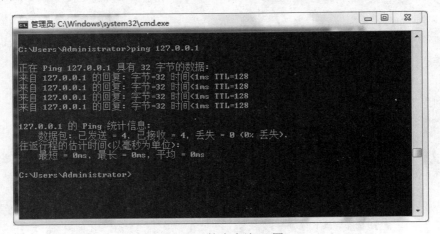

图 2-11 检查本地 IP 图

3. 网络状态与资源共享——net

在命令提示符窗口下输入 net 命令，net 命令格式如图 2-12 所示。

参数之间用|分隔，下面分类进行介绍。

（1）net start。

命令行输入 net start，将显示启动的所有服务，如图 2-13 所示。

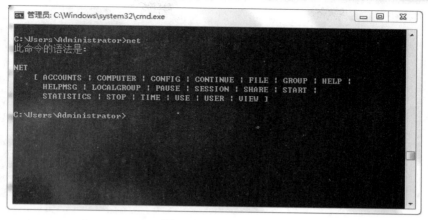

图 2-12　net 命令图

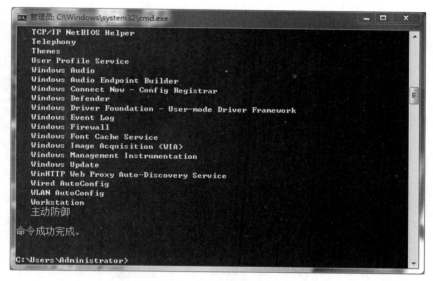

图 2-13　启动时的服务显示

（2）net view。

命令行输入 net view 用于显示计算机上所有共享资源的列表。当不带选项使用本命令时，它会显示当前域或网络上的计算机列表。

查看共享资源前，首先设置一个共享目录，在共享目录上右击，弹出的快捷菜单中选择"共享"命令中的"高级共享"命令，在"共享"对话框中选择"高级共享"命令，选择"共享此文件夹"复选框，设置文件的共享。这样将文件夹在局域网共享，局域网中的其他主机设备就可以访问共享文件夹，如图 2-14 所示。

在本机输入 net view 命令，可以显示相关信息。

4. 网络连接——netstat 命令

netstat 命令是在内核中访问网络及相关信息的命令，能够显示协议统计和当前 TCP/IP 的网络连接。也就是说，netstat 是一个观察网络连接状态的实用工具，可检验 IP 的当前连接状态。

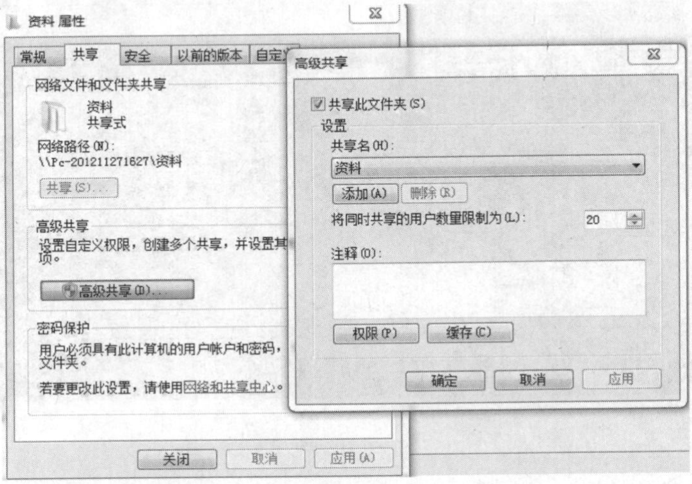

图 2-14　设置文件夹共享

命令格式为：netstat [-a][-b][-e][-n][-s][-r]

- 在命令提示符中输入"netstat -a"命令，可显示所有网络连接和侦听端口，如图 2-15 所示。

图 2-15　网络连接和侦听端口

第一列为协议，第二列为本地地址，第三列是外部地址，即与本机连接的主机或用户的 IP 地址，冒号后为端口号，第四列为状态。

- 在命令提示符窗口中输入"netstat -b"命令，可显示在创建网络连接和侦听端口时所涉及的可执行程序，如图 2-16 所示。
- 在命令提示符窗口中输入"netstat -n"命令，可显示已创建的有效连接，并以数字的形式显示本地地址和端口号。
- 在命令提示符窗口中输入"netstat -s"命令，可显示每个协议的各类统计数据，查看网络存在的连接，显示数据包的接收和发送情况。

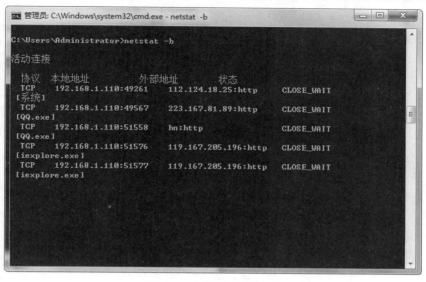

图 2-16　网络连接的程序

- 在命令提示符窗口中输入"netstat -e"命令，可显示关于以太网的统计数据，包括传送的字节数、数据包、错误等。
- 在命令提示符窗口中输入"netstat -r"命令，可显示关于路由表的信息，还显示当前的有效连接。

这里不再一一举例，学生自行实验。

5. 查看网络路由节点——tracert 命令

tracert 命令是可以显示信号到达目标经过的各个路由器。常见的使用方法是在 tracert 命令后加参数，例如输入 tracert www.baidu.com 就表示本机在访问 baidu.com时经过了哪些路由器，检测主机经历了哪些路由节点。当网络出现问题时，可以有针对性地检测，如图 2-17 所示。

图 2-17　跟踪路由信息

【小知识】tracert 命令可以显示信号到达目标经过的各个路由器，从而判断问题所在节点；而 ping 命令是检测网络是否畅通的常用命令。两者经常配合使用，一个是反馈各动态或静态路由节点信息，一个是检测网络通道是否畅通，有无丢包及反应时间。

6. 远程登录主机——Telnet 命令

Telnet 只是一种远程登录的工具。一旦入侵者与远程主机建立了 Telnet 连接，入侵者便可以使用目标主机上的软、硬件资源，而入侵者的本地机只相当于一个只有键盘和显示器的终端而已。

在调试网络端口是否通畅的时候经常会使用到 Telnet 命令，但是在 Windows 7 系统下这个命令默认是不开启的，下面就告诉大家如何在 Windows 7 下开启 Telnet 命令。

在"开始"程序里，单击"控制面板"命令，在"控制面板"窗口里，单击"程序和功能"选项；在"程序"选项下，单击"打开或关闭 Windows 功能"；在打开的对话框中，找到"Telnet 客户端"，勾选前面对应的复选框，如图 2-18 所示。

图 2-18　Windows 7 开启 Telnet 服务

然后单击"确定"按钮，等待几分钟，系统将会开启 Telnet 客户端服务。为了验证 Telnet 服务命令是否开启成功，可以在"cmd"命令下测试一下，这个时候就不会再提示 Telnet 命令无法找到了。

如果开启了 Telnet 服务，就可以使用 Telnet 命令进行远程连接。

7. IP 地址的查找

前面介绍了 IP 地址和端口的含义，那么攻击者是如何找到互联网用户的 IP 地址进行攻击呢？下面就介绍几种查询 IP 地址的方法，知道了这些技术细节就可以做好防范，保护自己的 IP 地址不被泄露，防止攻击者的恶意攻击。

（1）ping 命令法。

若要查询一个网站服务器对应的 IP 地址，可以使用系统自带的 ping 命令，例如查询 www.pyvtc.cn 这个网站服务器的 IP 地址时，可以先打开系统的"运行"对话框，然后输入 ping www.pyvtc.cn命令，单击"确定"按钮即可，在弹出的窗口中就能知道要查询网站的 IP 地址，如图 2-19 所示。

图 2-19　网站服务器的 IP 地址

　　如图 2-19 所示，www.pyvtc.cn 的服务器 IP 地址为 218.28.84.56。同种的方法可查询其他网站服务器的 IP 地址。

　　（2）netstat 命令查询法。

　　这种方法是通过 Windows 系统内置的网络命令 netstat 来查出对方的 IP 地址的，操作过程如下：

　　第 1 步：选择"开始"菜单下的"运行"命令，在弹出的"运行"对话框中输入"cmd"命令，单击"确定"按钮后，将屏幕切换到 MS-DOS 工作状态。

　　第 2 步：打开一个 QQ 好友窗口，然后给对方发送消息，如图 2-20 所示。

图 2-20　向好友发送消息

第 3 步：在 DOS 命令中执行 netstat -n 命令，在弹出的界面中就可以看到当前有哪些地址已经和本机建立了连接。如果对应某个连接的状态显示为 ESTABLISHED，表示本机和对方计算机之间的连接是成功的，如图 2-21 所示。

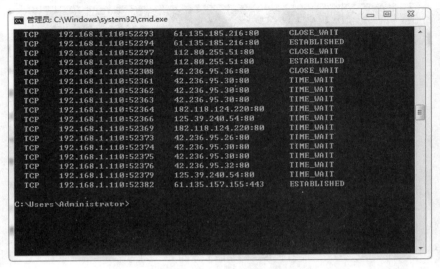

图 2-21　本机的连接状态

第 4 步：图 2-21 中可看到共有多个连接，其中开放 443 端口服务的主机是腾讯的服务器，剩下的就是对方的 IP 地址 61.135.157.155。

第 5 步：将 61.135.157.155 地址放到以下网址 www.123.cha.com 查询，就可以知道对方的地址，如图 2-22 所示。

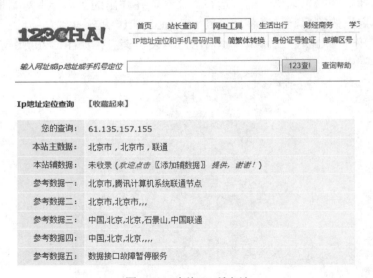

图 2-22　查询 IP 所在地

第 6 步：打开对方的"查看用户信息"窗口，可以确认一下对方的地址信息和查询的地址信息是否一致。

【思考与练习】

实训题

1．查看本机网络连通情况以及本机的 IP 地址。
2．查看本机网络路由节点。

任务 3　搭建网络测试工作站

【任务描述】

许多网络攻防实验会造成本机操作系统的损毁及数据的破坏等后果，那么怎样才能既不损害本机又能进行攻防实验呢？虚拟机就可以解决这个问题。

虚拟机是通过软件模拟的具有完整硬件系统功能的、运行在一个完全隔离环境中的完整计算机系统。虚拟系统生成现有操作系统的全新虚拟镜像，它具有真实 Windows 系统完全一样的功能，进入虚拟系统后，所有操作都是在这个全新的独立的虚拟系统中进行，可以独立安装运行软件，保存数据，拥有自己的独立桌面，不会对真正的系统产生任何影响，而且具有能够在现有系统与虚拟镜像之间灵活切换的一类操作系统。

该怎样安装使用虚拟机呢？

【任务要求】

了解并掌握如何安装虚拟机。
了解并掌握如何使用虚拟机。

【知识链接】

当遇到一些暂时无法解决的问题时，需要进行频繁的测试，例如各种攻防的实践或者漏洞、工具的测试等操作，会对自己的计算机的操作系统产生一定的破坏，如何才能安全有效地进行各种实践和测试呢？VMware 软件可以搭建起一个庞大的网络实验室，它是一个"虚拟机"软件，可以实现不需要重新启动计算机就能在同一台计算机中使用多个操作系统。

【实现方法】

1．安装 VMware 软件
下面以 VMware 为例，介绍一下其安装过程，可参照步骤搭建测试环境。
第 1 步：双击安装文件，弹出 Welcome to the installation wizard for VMware Workstation 对话框，如图 2-23 所示。
第 2 步：单击 Next 按钮，弹出 License Agreement（VMware 安装协议）对话框，如图 2-24 所示。

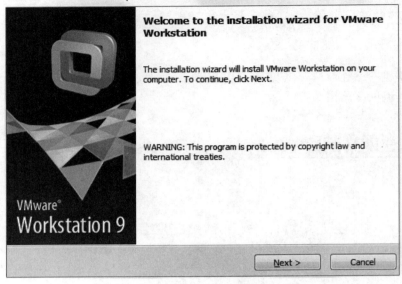

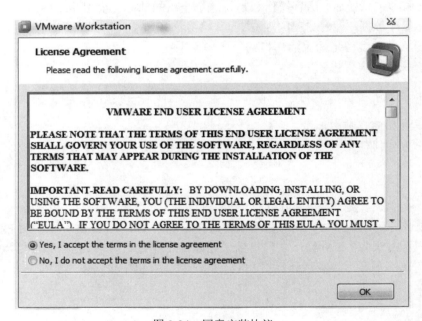

图 2-23 VMware 的欢迎界面

图 2-24 同意安装协议

第 3 步：选择 Yes,I accept the terms in the license agreement 单选按钮，单击 Next 按钮，弹出 Destination Folder（选择安装路径）对话框，如图 2-25 所示。

第 4 步：程序默认有一个安装路径，若想改变其安装路径，单击 Change 按钮，选择好安装路径后，单击 Next 按钮，弹出 Shortcuts（设置快捷方式）对话框，如图 2-26 所示。

第 5 步：保持默认值，勾选两个复选框，单击 Next 按钮，弹出 Ready to Perform the Requested Operations（准备安装）对话框，如图 2-27 所示。

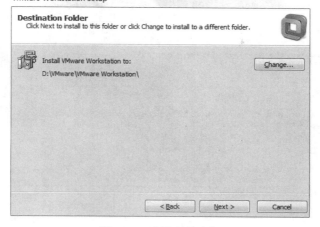

图 2-25　选择安装路径

图 2-26　设置 VMware 快捷方式

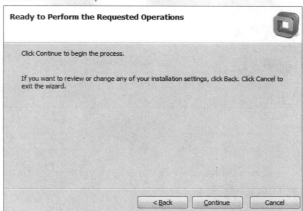

图 2-27　准备安装 VMware

第 6 步：单击 Continue 按钮，弹出对话框，如图 2-28 所示。

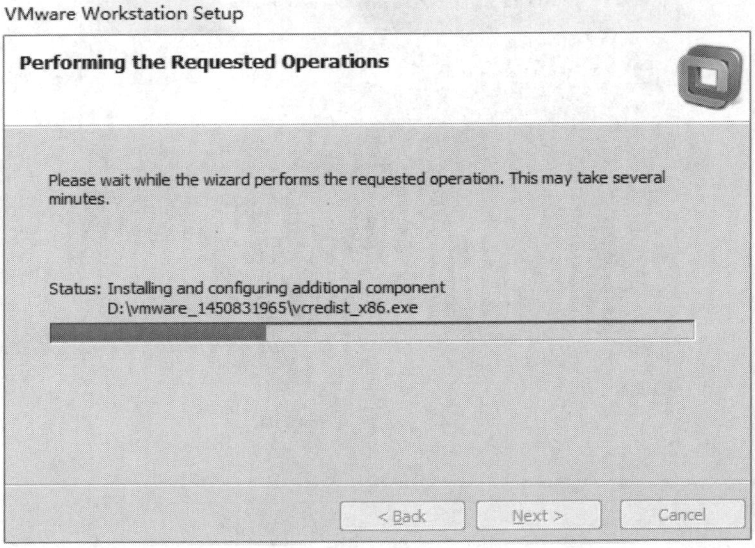

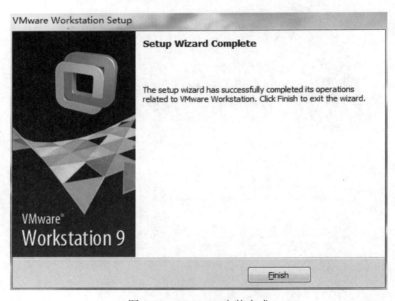

图 2-28　正在安装

第 7 步：单击 Finish 按钮，VMware 安装完成，如图 2-29 所示。

图 2-29　VMware 安装完成

2. 配置 VMware 并安装操作系统

VMware 安装完成后，桌面上将出现 VMware Workstation 字样的图标。双击这个快捷图标启动 VMware，主界面如图 2-30 所示。

这时，VMware 只相当于一台裸机，需要为其安装操作系统。操作步骤如下：

第 1 步：选择 File 菜单下的 New Virtual Machine 命令，如图 2-31 所示。

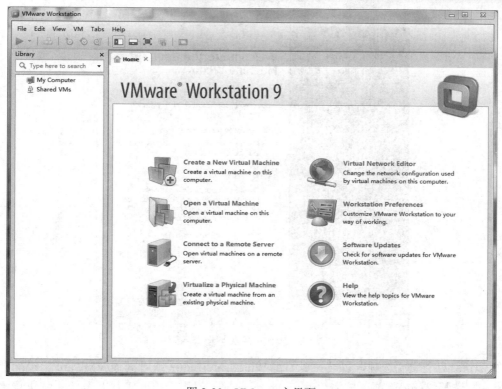

图 2-30　VMware 主界面

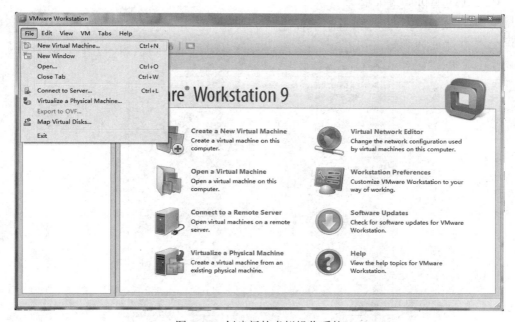

图 2-31　创建新的虚拟操作系统

弹出 Welcome to the New Virtual Machine Wizard（操作系统类型选择）界面，选择操作系统类型，单击 Next 按钮，如图 2-32 所示。

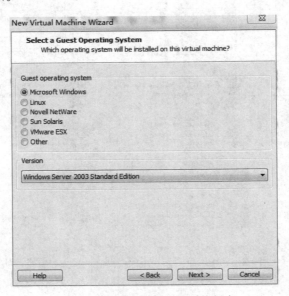

图 2-32　操作系统类型选择界面

　　在图中有两个配置选项，如果安装的是 Windows、Linux 或者其他 VMware 已经配置的操作系统，则选择 Typical 单选按钮。而 Custom 选项一般用于那些正在开发的系统进行测试的时候。在此选择 Typical 单选按钮。

　　第 2 步：单击该按钮后，弹出 Select a Guest Operating System（不同版本的操作系统选择）对话框，如图 2-33 所示。

图 2-33　选择操作系统及系统版本

　　本书中使用的是 Windows Server 2003 Standard Edition，因此 Guest operating system 选项

选择 Microsoft Windows 单选按钮；在 Version 下拉列表框中选择 Windows Server 2003 Standard Edition 选项。

第 3 步：选择完成后，单击 Next 按钮，弹出 Name the Virtual Machine（虚拟机命名及路径）对话框，如图 2-34 所示。

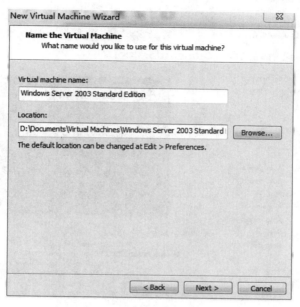

图 2-34　虚拟机命名及路径

第 4 步：单击 Next 按钮，弹出 Specify Disk Capacity（为虚拟机分配空间）对话框，如图 2-35 所示。

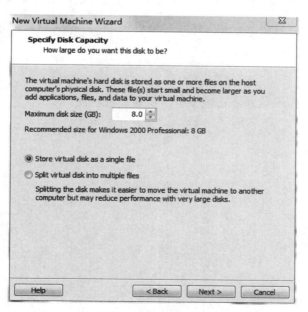

图 2-35　为虚拟机分配空间

第 5 步：分配空间后，单击 Next 按钮，单击"完成"按钮，虚拟机配置完成，如图 2-36 所示。

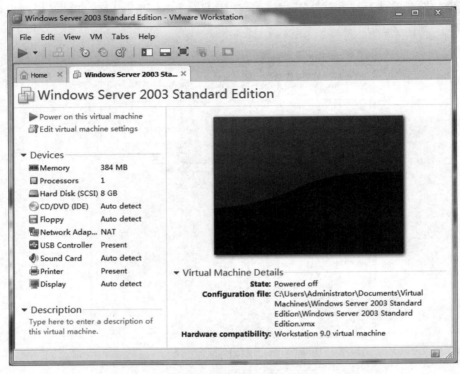

图 2-36　虚拟机配置完成

第 6 步：在虚拟机中安装操作系统，系统安装结束，进入操作系统。

【思考与练习】

实训题

安装 VMware 9 虚拟机软件，在虚拟机上安装加密软件。

3 密码与加密技术

项目导读

随着互联网的发展，人们越来越依赖网络的通信，那么，信息的保密性和完整性将是人们关注的焦点，如何才能防止发送的信息和接收的信息不被泄露、窃取，那么最有效的方法是给所传输的信息加上密码。本项目将介绍密码的种类以及如何给邮件、文件、文件夹等进行加密。

教学目标

- 掌握密码的分类。
- 掌握 PGP 的安装及使用方法。
- 掌握常用的加密软件。

任务 1 密码及密码技术

【任务描述】

什么是密码？密码和人们的生活息息相关，密码无处不在，那么，密码的加密方式都有哪些呢？

【任务要求】

了解密码的含义。
了解并掌握密码技术的分类。

【知识链接】

1. 引言

人类发展的历史中，随着标记符号的出现，人类开始通信，为了确保通信的保密性，出现了密码，最先有意识地使用一些技术手段来加密信息的可能是公元前的古希腊人。送信人先将纸绕在棍子上，然后把要传送的信息写在纸上面，将纸展开后送给收信人。如果不知道棍子的宽度（密钥）不可能解开纸上的信息内容。后来，罗马的军队用凯撒密码进行通信。

在随后的几十个世纪里，人们发明了更加高明的加密技术。密码是按特定法则编成，隐蔽了真实内容的符号序列。就是把用公开的、标准的信息编码表示的信息通过一种变换手段，将其变为除通信双方以外其他人所不能读懂的信息编码。19世纪Kerchoffs写下了现代密码学的原理，其中的一个原理提到：加密体系的安全性并不依赖于加密的方法本身，而是依赖于所使用的密钥。

数据加密的基本过程就是对原来为明文的文件或数据按某种算法进行处理，使其成为不可读的一段代码，通常称之为"密文"，只能在输入相应的密钥之后才能显示出本来的内容，通过这样的途径达到保护数据不被人非法窃取、阅读的目的。该过程的逆过程为解密，即将该编码信息转化为原来数据的过程。

通常一个加密系统至少包括以下4个组成部分：

● 未加密的报文，也称明文。
● 加密后的报文，也称密文。
● 加密、解密设备或算法。
● 加密、解密的密钥。

加密解密过程原理如图3-1所示。

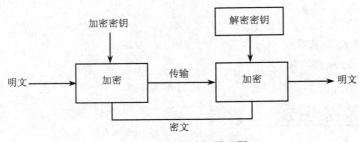

图3-1 加密过程原理图

2. 密码技术的分类

数据加密算法多种多样，密码算法标准化是信息化社会发展的必然趋势。按发展进程来分，数据加密经历了古典密码阶段、对称密钥密码阶段和公开的密钥密码阶段。其中，古典密码算法有替代加密、置换加密；对称加密算法包括DES和AES；非对称加密算法包括RSA、背包密码、McEliece密码、Rabin、椭圆曲线等。目前，在数字通信中普遍使用的算法有DES算法、RSA算法、PGP算法等。

密钥是一种参数，它是在明文转换为密文或将密文转换为明文的算法中输入的参数。密钥分为对称密钥与非对称密钥。

（1）对称密码加密技术。

对称密钥加密又称为私钥加密，即信息的发送方和接收方使用一个密钥进行加密和解密数据。使用对称加密技术将加密处理进行简化，发送方和接收方采用了相同的加密算法，只交换共享的专用密钥。如果在密钥交换阶段，通信的发送方和接收方能够确保专用密钥的保密未被泄露，那么报文的完整性和机密性就可以得到保证。这种对称密钥加密体制的优点是加密解密速度快，适合对大量的数据进行加密，但是管理共享密钥不被泄露比较困难。

对称加密算法对机密信息进行加密，通过随报文一起发送报文摘要或报文散列值来实现。目前，常用的对称加密体制包括数据加密标准（DES）和高级的数据加密标准（AES）。

（2）非对称密码加密技术。

非对称加密又称为公开密钥加密系统，就是加密和解密所使用的不是同一个密钥，通常有两个密钥，称为"公钥"和"私钥"，两个需要配对使用，否则不能打开加密文件。公钥是可以对外公布的，私钥则只有持有者自己知道。在网络上，对称加密方法很难公开密钥，而非对称加密方法的公钥是可以公开的，收件人解密时只需要用自己的"私钥"即可，很好地避免了密钥传输安全性问题。

RSA 是目前最著名应用最广泛的公钥系统，适用于数字签名和密钥交换，特别适用于通过 Internet 传送的数据。这种算法以它的 3 位发明者的名字命名：Ron Rivest、Adi Shamir、Leonard Adleman。RSA 算法安全性基于分解大数字时的困难（就计算机处理能力和处理时间而言）。在常用的公钥算法中，RSA 不同，它能够进行数字签名和密钥交换运算。

RSA 加密算法使用了两个非常大的素数来产生公钥和私钥。现实中加密算法都基于 RSA 加密算法。PGP 算法（以及大多数基于 RSA 算法的加密方法）使用公钥来加密一个对称加密算法的密钥，然后再利用一个快速的对称加密算法来加密数据。这个对称算法的密钥是随机产生的，是保密的，因此，得到这个密钥的唯一方法是使用私钥来解密。

RSA 算法的优点是密钥空间大，缺点是加密速度慢。如果将 RSA 和 DES 结合使用，则正好弥补 RSA 的缺点，即 DES 用于明文加密，RSA 用于 DES 密钥的加密。由于 DES 加密速度快，适合加密较长的报文，而 RSA 可解决 DES 密钥分配的问题。

（3）数字签名认证技术。

数字签名是一种类似写在纸上的普通的物理签名，但是使用了公钥加密领域的技术来实现，是一种用于鉴别数字信息的方法。数字签名文件的完整性验证比较容易，而且数字签名具有不可抵赖性。

数字签名的目的是认证网络通信双方身份的真实性，防止相互欺骗或抵赖。网络通信双方之间可能存在的问题是：用户 A 要发送一条信息给用户 B，既要防止用户 B 或第三方伪造，又要防止用户 A 事后因对自己不利而否认。数字签名技术可以很好地解决这类问题。

数字签名必须满足如下 3 个条件：

● 收方条件：接收者能够核实和确认发送者对消息的签名。

● 发方条件：发送者事后不能否认和抵赖对消息的签名。

● 公证条件：公证方能确认收方的信息，做出仲裁，但不能伪造这一过程。

目前，已有多种实现各种数字签名的方法。这些方法可分为两类：直接数字签名和有仲裁的数字签名。

直接数字签名涉及通信双方。假设消息接收者已经或者可以获得消息发送者的公钥。发送者用其私钥对整个消息或者消息散列码进行加密来形成数字签名。通过对整个消息和密钥（对称加密）来进行加密。首先执行签名函数，然后再执行外部的加密函数。出现争端时，第三方必须查看消息及签名。如果签名是通过密文计算得出的，第三方也需要解密密钥才能阅读原始的消息明文。如果签名作为内部操作，接收方可存储明文和签名，以备以后解决争端时使用。

直接签名方案有一个共同的弱点：其有效性依赖于发送方私钥的安全性。发送方可以通过声称私钥被盗用且签名被伪造来否认发送过某个消息。

有仲裁的数字签名可以解决直接数字签名中容易产生的发送者否认发送过某个消息的问题。假设 A 想对数字消息签名，送达给 B。C 是一个 A、B 共同承担的可信赖仲裁者。那么，A 将准备发送给 B 的签名消息首先传给 C，C 对 A 传送过来的消息以及签名进行检验，C 对检验的消息标注日期，并附上一个已经过仲裁证实的说明。

数字签名是一个加密的过程，数字签名验证是一个解密的过程。

【思考与练习】

思考题

对称加密与非对称加密的区别。

任务 2　PGP 软件的安装与使用

【任务描述】

给邮件加密常使用 PGP 软件，使用 PGP 软件给邮件加密、给文件和文件夹加密以及粉碎文件等操作。

【任务要求】

掌握 PGP 软件的安装方法。

掌握 PGP 软件的应用。

【知识链接】

PGP（Pretty Good Privacy），是一个基于 RSA 公钥加密体系的邮件加密软件，它提供了非对称加密和数字签名。它将 RSA 公钥体系的方便和传统加密体系的高速结合起来，并且在数字签名和密钥认证管理机制上有设计，其主要功能如下：

（1）邮件加密，以防止非法阅读；

（2）给邮件加上数字签名，从而使收信人收到信后，对发信人的身份进行验证和确保邮件的内容不被篡改，也可防止声明人抵赖，这点在商业领域中有很大的应用空间；

（3）能够加密文件，包括图形文件、声音文件以及其他各类文件。

【实现方法】

1. PGP 加密软件的安装

第 1 步：双击 PGP 安装程序，打开欢迎安装界面，单击 Next 按钮进入下一步，如图 3-2 所示。

图 3-2　PGP 欢迎界面

第 2 步：打开 PGP 安装协议界面，同意安装，单击 Yes 按钮，进入下一步，如图 3-3 所示。

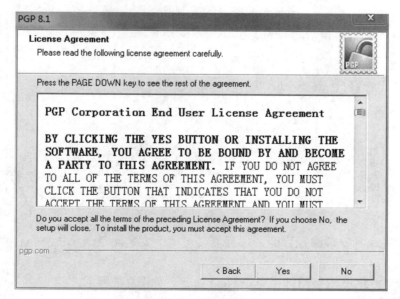

图 3-3　PGP 安装协议

第 3 步：单击 Next 按钮，进入到安装说明界面，如图 3-4 所示。

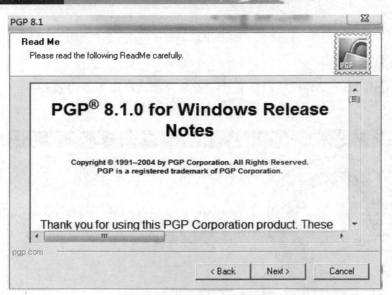

图 3-4　PGP 安装说明

第 4 步：安装开始，界面会出现两个选项：①Yes，I already have keyings；②No，I'm a New User。如果是新用户，那么选择后者，单击 Next 按钮，如图 3-5 所示。

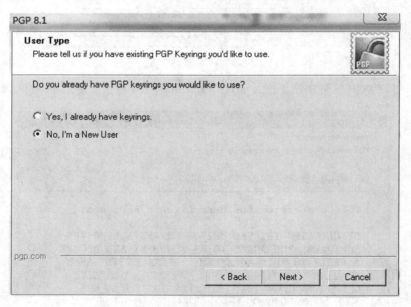

图 3-5　选择用户类型界面

第 5 步：进入到安装路径界面，根据需要可更改安装路径，单击 Next 按钮，如图 3-6 所示。

第 6 步：选择 PGP 安装组件，单击 Next 按钮，如图 3-7 所示。

第 7 步：复制文件，单击 Next 按钮，如图 3-8 所示。

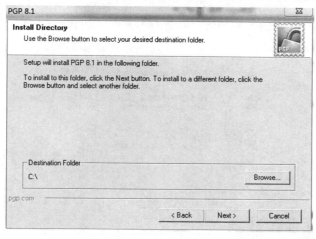

图 3-6　选择 PGP 安装路径

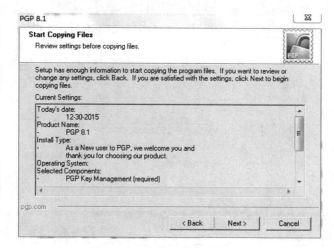

图 3-7　PGP 安装组件界面

图 3-8　安装检查现有文件选项

第 8 步：PGP 安装完成，重新启动计算机，如图 3-9 所示。

图 3-9　PGP 安装向导完成

第 9 步：双击汉化 PGP 软件的安装程序，打开汉化界面，输入安装密码"pgp.com.cn"，按照提示进行汉化安装，如图 3-10 至图 3-13 所示。

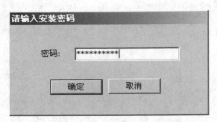

图 3-10　汉化 PGP 安装密码界面

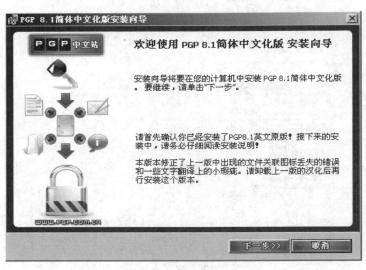

图 3-11　汉化 PGP 安装向导

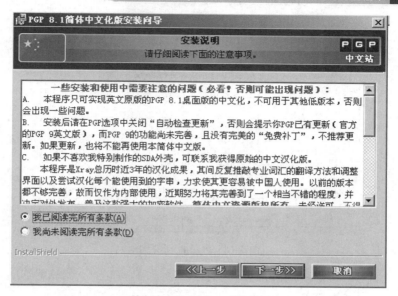

图 3-12　汉化 PGP 安装协议

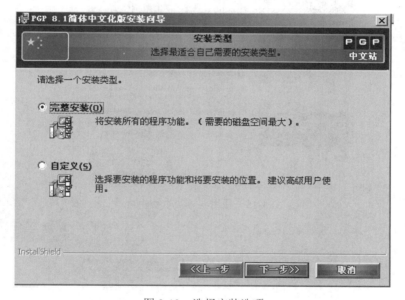

图 3-13　选择安装选项

2. 使用 PGP 产生和管理密钥

第 1 步：重新启动计算机后，用户可以通过单击"开始"→"程序"→"PGP"找到 PGP 软件的工具盒。在操作系统任务栏的右下方可以看到 **PGPtray** 图标。第一次使用 PGP 时，需要注册信息，进入 PGP 注册界面，需要填入用户名和组织名称，输入注册码，选择 Authorize 选项进行注册授权，如图 3-14 所示。

第 2 步：PGP 向导引导用户产生密钥对，如图 3-15 所示。

第 3 步：密钥对需要与用户名称及电子邮件相对应，用户填入资料，单击"下一步"按钮，如图 3-16 所示。

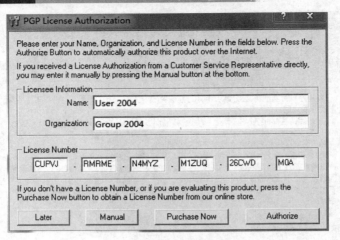

图 3-14　PGP 注册界面

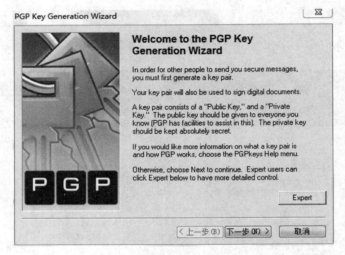

图 3-15　使用向导产生密钥对

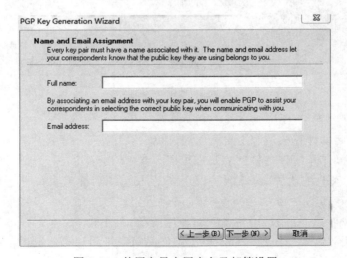

图 3-16　使用向导中用户名及邮箱设置

第 4 步：输入并确认输入一个至少 8 字符长的并且包括非字母符号的字符串来保护密钥，这个字符串非常重要，不要轻易泄露，单击"下一步"按钮，如图 3-17 所示。

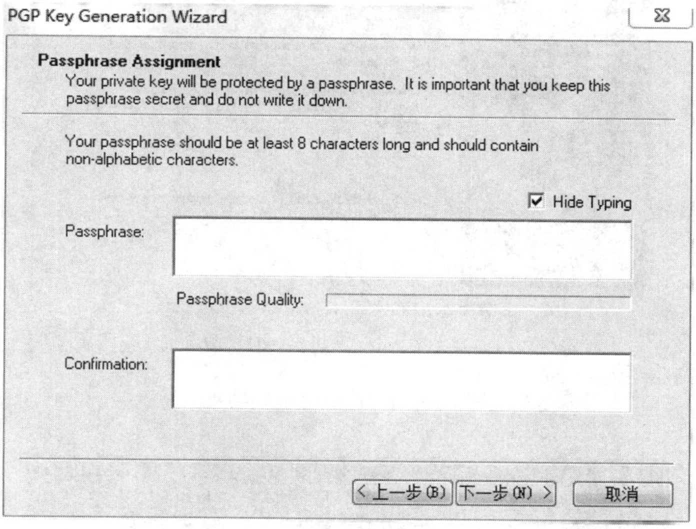

图 3-17　PGP 使用向导密码设置

第 5 步：根据用户输入自动生成密钥，单击"下一步"按钮，如图 3-18 所示。

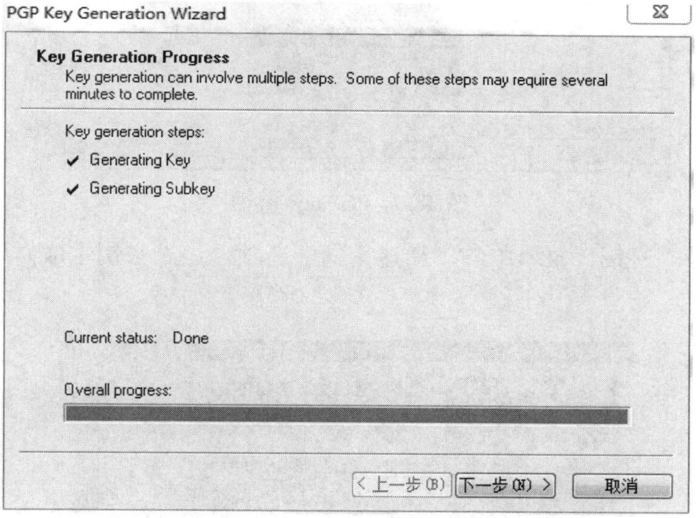

图 3-18　PGP 密钥生成过程

第 6 步：PGP 密钥生成向导完成，单击"完成"按钮，如图 3-19 所示。

3. PGP 软件给邮件加密

PGP 软件加密要发送的邮件或接收加密的邮件，就必须为自己的邮箱建立一个 RSA 加密算法的公钥私钥对。

第 1 步：选择"开始"→"程序"→"PGP"软件中的 PGPkeys 选项，进入 PGPkeys 界面，如图 3-20 所示。

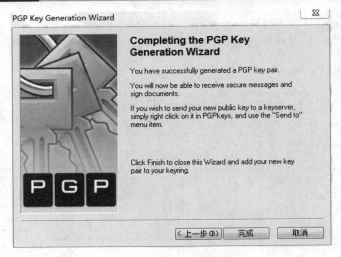

图 3-19 PGP 密钥生成结束

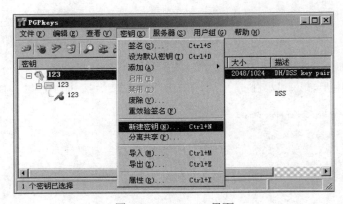

图 3-20 PGPkeys 界面

第 2 步：选择"密钥"菜单中的"新建密钥"选项，进入密钥生成向导界面，如图 3-21 至图 3-25 所示。

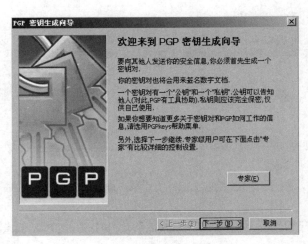

图 3-21 密钥生成向导界面

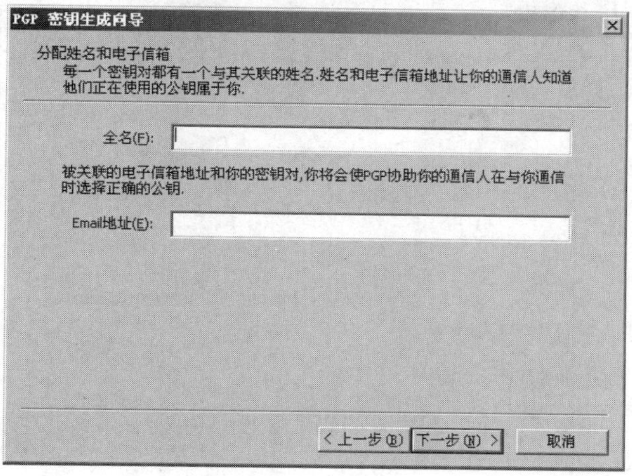

图 3-22　分配姓名和电子信箱

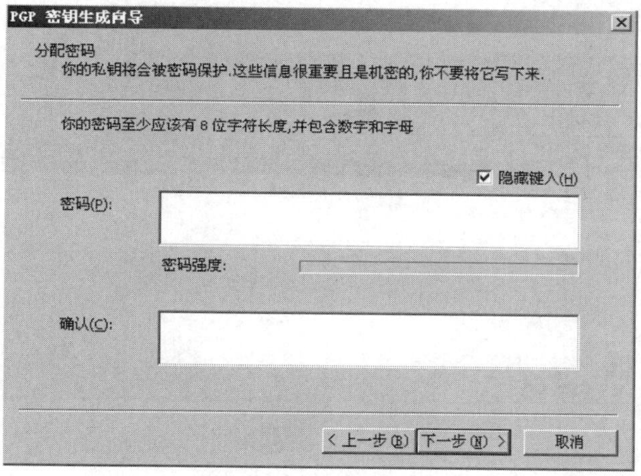

图 3-23　分配密码界面

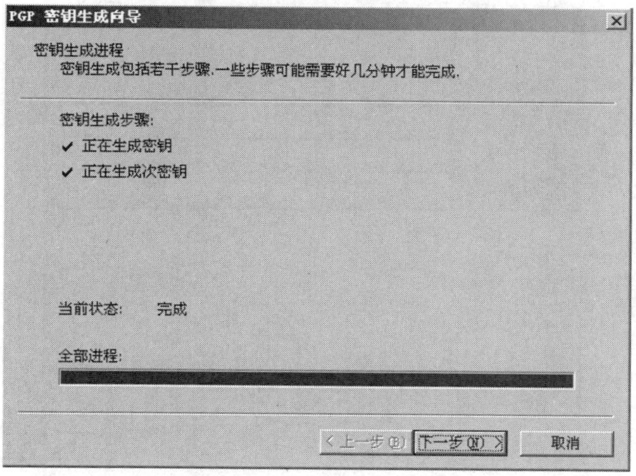

图 3-24　密钥生成进程界面

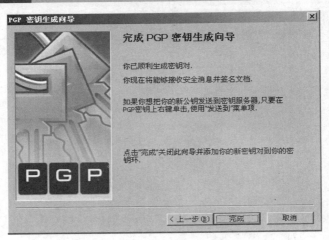

图 3-25　密钥生成完成界面

第 3 步：单击"完成"按钮，所建密钥生成，可以使用密钥了，如图 3-26 所示。

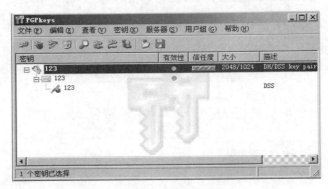

图 3-26　生成密钥

第 4 步：打开 Outlook Express，新建一个要发送的邮件，如图 3-27 所示。

图 3-27　Outlook Express 创建新邮件

选择右侧的"»"符号，在下拉菜单中选择"加密信息（PGP）"来对邮件进行加密，如图 3-28 所示，邮件内容显示为乱码。

第 5 步：解密操作是加密的逆过程，解密需要输入图 3-23 过程中的私钥密码。解密后的内容与加密前的内容一致。

4. 使用 PGP 对文件进行加密、解密

第 1 步：右击需要加密的文件或文件夹，选择"PGP"→"加密"。

图 3-28　使用 PGP 对邮件加密

第 2 步：进入密钥选择对话框，选择左下角"常规加密"，单击"确定"按钮，如图 3-29 所示。

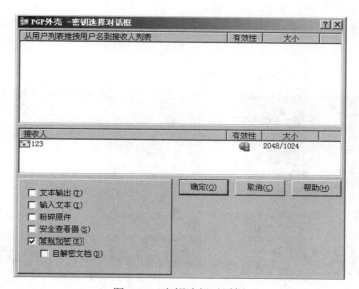

图 3-29　密钥选择对话框

第 3 步：输入常规加密的密码，解密时需要用到。单击"确定"按钮，如图 3-30 所示。

第 4 步：加密文件操作完成，生成.pgp 文件，如图 3-31 所示。

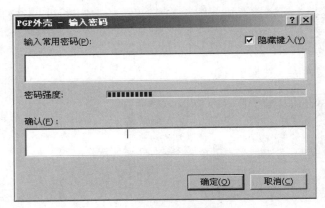

图 3-30　输入常规密码界面　　　　　　　　　图 3-31　加密后的文件

第 5 步：解密操作时，只需输入密码，即可解密加密文件，如图 3-32 所示。

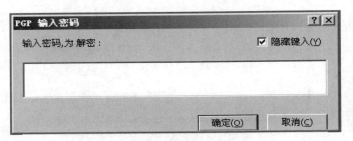

图 3-32　解密 PGP 加密文件

5．使用 PGP 粉碎文件

使用传统的对文件删除的方法是不能彻底地删除文件的。PGP 对文件进行了粉碎操作后，文件是无法恢复的，达到了彻底删除的目的。右击需要粉碎的文件，在下拉菜单中选择"PGP"中的"粉碎"选项，系统弹出安全删除警告提示框，以便确认是否对文件进行删除操作，如图 3-33 和图 3-34 所示。

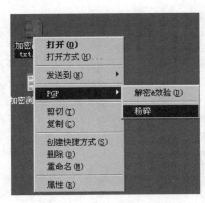

图 3-33　PGP 粉碎文件　　　　　　　　　图 3-34　粉碎文件确认提示框

【思考与练习】

实训题

1. 安装 PGP 软件。
2. 使用 PGP 加密邮件、加密文件、粉碎文件。

任务 3　Office 文件的加密与解密

【任务描述】

日常生活中，常常还需要给不同的文件进行加密或解密，下面介绍一些生活中经常使用的文件的加密与解密方法。

【任务要求】

掌握 Office 文件的加密与解密。

【知识链接】

现在生活中比较常用的软件就是 Office 系列办公软件，对于 Office 软件的安全涉及的人群是最广的。因此 Office 系列软件的加密、解密与普通的计算机用户有很大关系。如何才能让自己的文件存在一定的安全性，不会轻易被人查看内容呢？下面就将介绍一些对文件进行加密、解密的操作，提高自己的安全防范意识。

【实现方法】

1. Office 的加密与解密
（1）加密。
Word 是微软公司 Office 系列办公软件中最常用的一款，它集文字、图片等多种元素于一身，可编排出精美的文档，是目前最常用的文字编辑软件。
①Word 加密。
作为最常用的软件之一，Word 的安全性显得更加重要，如何给 Word 文件进行加密呢？首先，介绍一下 Word 2003 软件的加密方法。
第 1 步：对 Word 文档进行编辑工作，完成后进行保存，选择"工具"下的"选项"命令，如图 3-35 所示。
第 2 步：在弹出的"选项"对话框中选择"安全性"选项卡，可以输入打开和修改时的密码，如图 3-36 所示。
第 3 步：单击右侧的"高级"按钮，在弹出的"加密类型"对话框中，选择一种需要的加密类型，如图 3-37 所示。

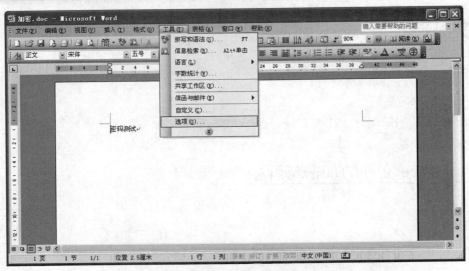

图 3-35 选择"工具"菜单中的"选项"命令

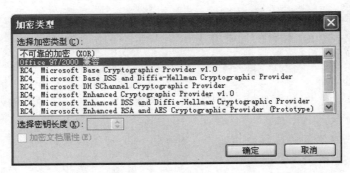

图 3-36 输入密码

图 3-37 "加密类型"对话框

单击"确定"按钮，将弹出"确认密码"对话框，再次键入密码后，单击"确定"按钮，保存 Word 文件，完成加密操作，如图 3-38 所示。

图 3-38 "确认密码"对话框

第 4 步：当打开设有密码的文件时，首先会弹出"密码"对话框，输入正确的密码即可打开相应的文件，若输入的密码不正确，无法打开文件，如图 3-39 所示。

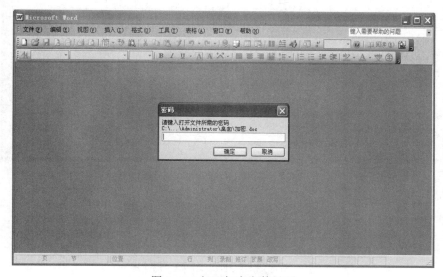

图 3-39 打开加密文件界面

第 5 步：如果设置了修改密码，那么输入正确的密码后，可打开文件进行编辑，否则只能以"只读"的方式打开文件，如图 3-40 所示。

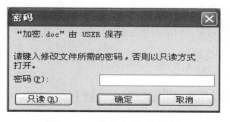

图 3-40 输入文件密码框

对于 Office 2010 的用户，Word 的加密方法与上面介绍的加密方法稍有差别，操作更加简便。下面介绍 Word 2010 的加密操作方法。

将编辑好的 Word 文件进行保存后，给文件进行加密操作。首先，单击窗口左上角的"文件"菜单，在打开的下拉菜单中，选择"信息"菜单中的"保护文档"下的"用密码进行加密"命令，此时弹出"加密文档"对话框，输入密码即可对文件加密，如图 3-41 和图 3-42 所示。

图 3-41　Word 2010 加密图示

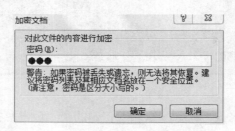

图 3-42　文档输入密码对话框

②Excel 加密。

Excel 软件也是比较常用的 Office 办公系列软件之一，其加密方法与 Word 的加密方法相似，参照 Word 加密方法，可以对 Excel 文件进行加密操作，如图 3-43 所示。

（2）Word 解密。

掌握了 Word 文件的加密方法，对文件的安全性有了一定的提高。那么黑客如何破解加密的 Word 文件呢？

黑客经常使用一些软件来破解 Word 文件，这里主要介绍的工具是 WordKey，它是由 Passware 制作的系列密码恢复软件之一，可以迅速恢复 Word 文件的密码，同时它还支持多种语言密码设定。

首先，创建一个加密的 Word 文件"密码测试.doc"，密码设置为"123456"。下面介绍一下黑客是如何对这个加密文件进行暴力破解的。

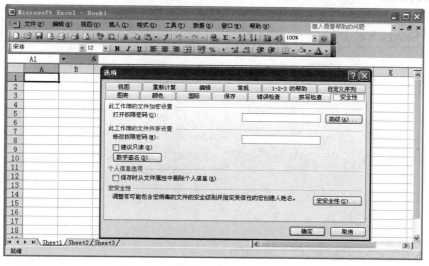

图 3-43　Excel 文件的加密

　　第 1 步：设置了几个简单的纯数字密码，如图 3-44 所示，将文件保存为 dic.txt。设置密码后，使用字典工具来生成字典文件，例如黑客字典工具等。

　　第 2 步：打开 WordKey 工具，单击 Settings 按钮，在弹出的 Settings 对话框中设置字典路径，如图 3-45 所示。

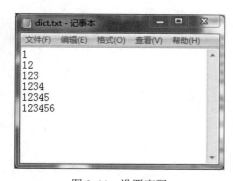

图 3-44　设置密码

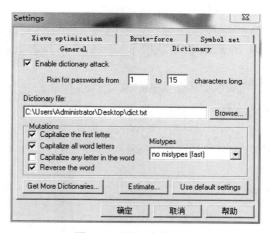

图 3-45　设置字典路径

　　第 3 步：选择加密的 Word 文件，打开加密的 Word 文件后，WordKey 将会自动暴力破解，WordKey 不是一款共享软件，没有进行注册的用户只能查看破解的前几位密码。

【思考与练习】

实训题

1. 给 Word 文件加密。
2. 使用 WordKey 给加密的 Word 文件进行解密。

任务 4　WinRAR 的加密与解密

【任务描述】

WinRAR 是一个文件压缩原理共享软件，它可以备份数据，减少 E-mail 附件的大小，解压缩从 Internet 上下载的 RAR、ZIP 和其他格式的压缩文件，并能创建 RAR 和 ZIP 格式的压缩文件。本次任务将使用 WinRAR 进行加密，并使用工具破解 WinRAR 密码。

【任务要求】

掌握 WinRAR 文件的加密与解密。

【知识链接】

WinRAR 是一款被广泛应用的压缩软件，通过 WinRAR 的压缩，可以使原本体积很大的文件缩小很多。作为普通用户，是如何对文件进行压缩加密的呢？黑客又是如何对加密后的压缩文件进行暴力破解密码的呢？

【实现方法】

1. WinRAR 加密

WinRAR 是一个强大的压缩文件管理工具，它能备份数据，减小 E-mail 附件的大小，解压缩从 Internet 上下载的 RAR、ZIP 和其他格式的压缩文件，并能创建 RAR、ZIP 格式的压缩文件。

下面就如何给 WinRAR 文件进行加密进行介绍，使得别人无法使用隐藏在 WinRAR 压缩包中的文件。

第 1 步：首先，为 WinRAR 压缩文件设置密码。在要加密的文件或文件夹上右击，在弹出的快捷菜单中选择 "WinRAR" 下的 "添加到压缩文件" 命令，如图 3-46 所示。

图 3-46　"添加到压缩文件"命令

第 2 步：在自动弹出的"压缩文件名和参数"对话框中，单击"设置密码"按钮，如图 3-47 所示。

第 3 步：在弹出的"输入密码"对话框中，输入密码，如图 3-48 所示。

图 3-47　设置 WinRAR 密码　　　　　　　　　　　图 3-48　添加密码

2. WinRAR 密码破解

如何对加密的 WinRAR 文件进行解密操作呢？

首先利用上节的操作方法加密一个文件"密码测试.rar"，密码设置为"123"，如图 3-49 所示。使用 Advanced RAR Password Recovery（高级 RAR 密码恢复）工具对 WinRAR 的密码进行破解。

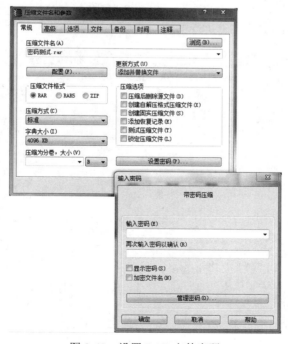

图 3-49　设置 RAR 文件密码

第 1 步：打开 Advanced RAR Password Recovery 工具，在"已加密的 RAR 文件"区域中单击"打开"按钮，添加加密的 RAR 文件，"破解类型"下拉框中选择"暴力破解"，如图 3-50 所示。

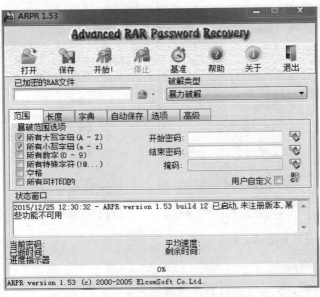

图 3-50　使用数字进行暴力破解

第 2 步：在"范围"选项卡中选择"所有数字"复选框，切换到"长度"选项卡，设置暴力破解的密码长度。这里设置的密码最小的长度为 1，最大的长度为 3，设置后，密码形式是 1，2，3，4，5……900，901，902……，如图 3-51 所示。设置完成后，单击软件主界面的"开始"按钮对 WinRAR 文件密码进行破解。

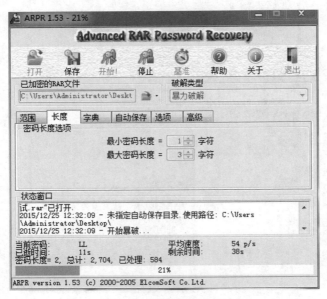

图 3-51　设置密码长度

第 3 步：破解结束，显示破解结果，如图 3-52 所示。

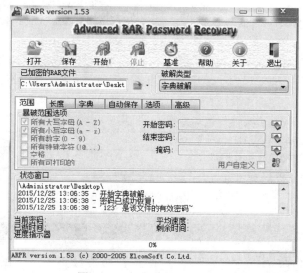

图 3-52　破解密码成功

使用暴力破解的缺点是破解效率比较低，耗时比较长。若在"破解类型"中，选择"字典破解"进行破解，会大大提高破解效率，如图 3-53 所示。

图 3-53　字典破解 RAR 文件

【思考与练习】

实训题

1．给压缩文件进行加密。
2．使用 RAR 软件给加密的压缩文件进行解密。

任务 5　EXE 文件的加密与解密

【任务描述】

对于重要的 EXE 文件，如果不希望别人去执行，可以通过对文件进行加密来实现。那么如何对 EXE 文件进行加密操作呢？对于加密后的 EXE 文件又将如何解密呢？

【任务要求】

掌握 EXE 文件的加密与解密。

【实现方法】

1. EXE 文件加口令

加密工具"EXE 加口令"，对于 EXE 文件的加密操作比较简单。单击文件夹图标，在弹出的"打开"对话框中选择一个要加密的 EXE 文件，如图 3-54 所示。然后在"密码"框中输入密码，将密码再重复输入一次，即可完成加密操作，如图 3-55 所示。

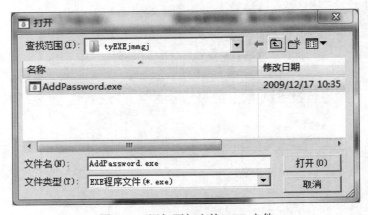

图 3-54 添加要加密的 EXE 文件

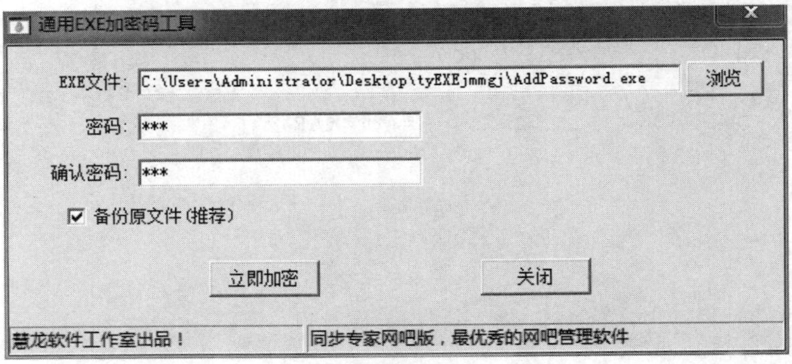

图 3-55 设置密码

加密完成后，再次打开加密后的 EXE 文件，就会弹出"请输入密码"对话框，如果没有输入正确的密码，就无法访问和使用加密过的 EXE 文件。

2. PESpin 给文件加把锁

PESpin 是一款简单、易用且功能强大的软件加密程序，它可以为所有的 EXE、DLL 程序加密，防止软件被解密。下面就 PESpin 如何对 EXE 文件进行加密进行说明。

第 1 步：双击运行程序，选择要加密的 EXE 文件，如图 3-56 所示。

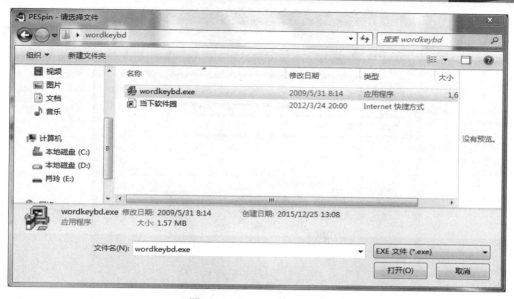

图 3-56 PESpin 添加文件

第 2 步：进入程序的"设置"界面，勾选"密码保护"复选框，如图 3-57 所示。

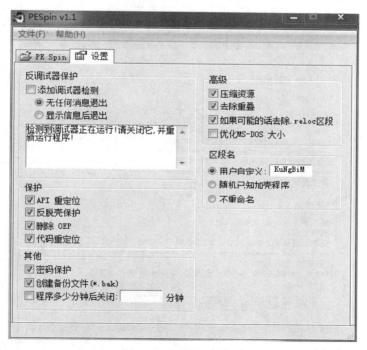

图 3-57 设置加密选项

第 3 步：打开"PE Spin"选项卡，输入密码，如图 3-58 所示。

第 4 步：输入密码单击"确定"按钮后，完成对 EXE 文件的加密操作，如图 3-59 所示。

第 5 步：回到桌面，可以看到 PESpin 已经加密成功，同时还生成了同名的备份文件，如图 3-60 所示。

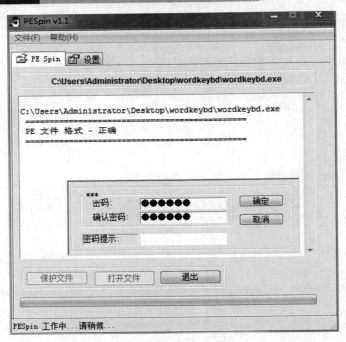

图 3-58 输入加密密码

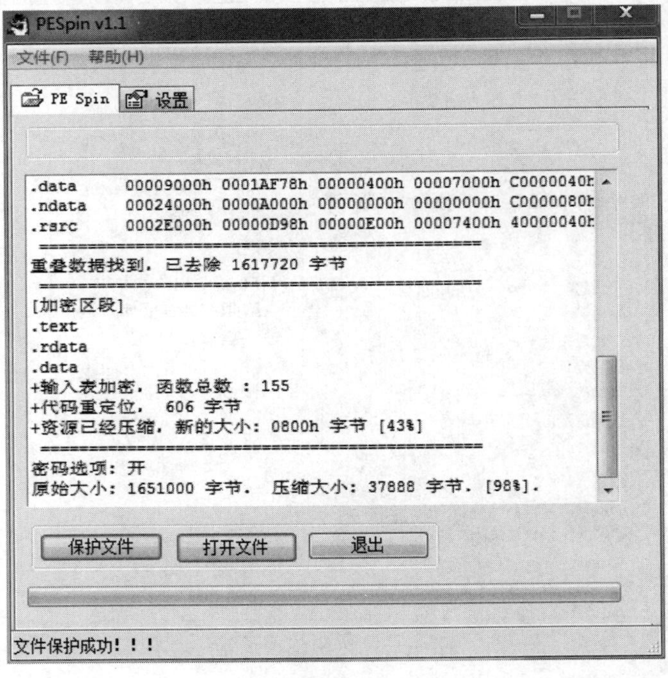

图 3-59 加密成功

密码添加完成后，若要再次打开加密过的 EXE 文件，就会提示输入密码，如图 3-61 所示，当输入正确的密码后，EXE 文件才能被正常执行。若输入的密码不正确，将无法访问加密过的 EXE 文件。

图 3-60　PESpin 加密生成同名备份文件　　　　　　　图 3-61　输入密码提示框

3. EXE 加密文件的破解

前面介绍了"EXE 文件加口令"工具对 EXE 文件进行加密操作，那么如何进行解密呢？可以使用 C32Asm 这款工具对其进行解密。

第 1 步：使用 C32Asm 工具打开被加密过的文件，打开"文件"菜单下的"十六进制打开文件"命令，如图 3-62 所示。

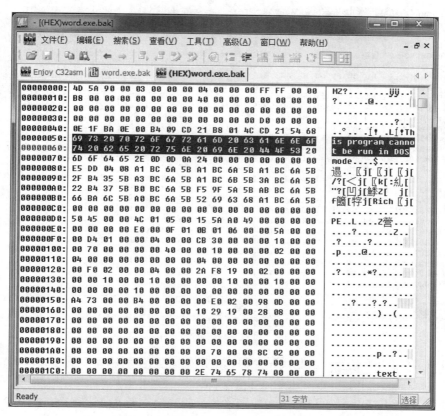

图 3-62　使用 C32Asm 工具打开加密文件

第 2 步：打开文件后，按 Ctrl+F 组合键，或者单击"搜索"菜单下的"搜索"命令，打开 Find 对话框，在"搜索"文本框中输入 This，单击"下一个"按钮，如图 3-63 所示。

进行搜索后，可看到 ASCII 代码为"This program cannot be run in DOS"，这段字符串的含义就是不能在 DOS 环境下运行，这是一个 EXE 文件的物理开头部分。在这段字符串的上方，有"MZ"字符的标记，表示是程序的开头，如图 3-64 所示。

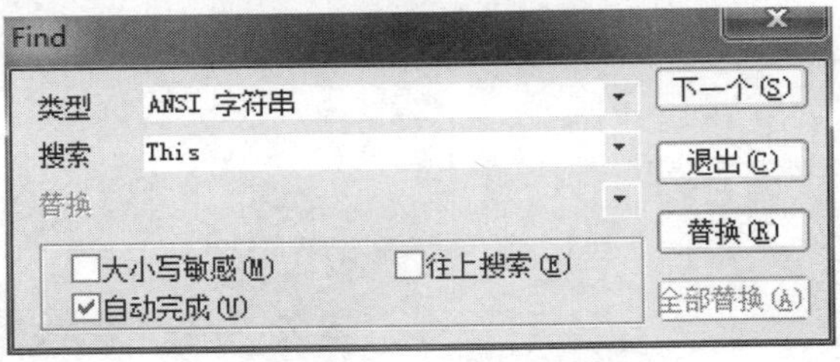

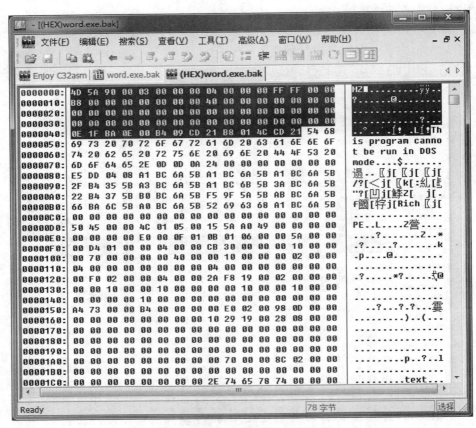

图 3-63　搜索字符串

图 3-64　可执行文件的 MZ 头标记

将 MZ 标记后的所有十六进制代码全部选中，如图 3-64 所示，然后选择"编辑"菜单下的"复制"命令。

第 3 步：选择 C32Asm 工具的"文件"菜单下的"建立新文件"命令，如图 3-65 所示，单击"确定"按钮。在弹出的空白文件里，选择"编辑"菜单下的"粘贴"命令，将上面复制的所有的十六进制代码粘贴在新文件中，弹出一个对话框提示"剪贴板数据将粘贴到偏移量 0，这将增加这个文件的大小！"，单击"是"按钮即可，如图 3-66 所示。

第 4 步：选择 C32Asm 的"文件"下的"另存为"命令，在弹出的"SAVE AS…"对话框的"文件名"文本框中输入名称，单击"保存"按钮，如图 3-67 所示。

第 5 步：解密完成后，再次打开文件，程序可正常运行。

图 3-65　建立新文件

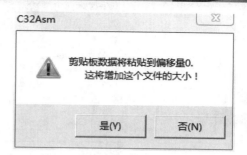
图 3-66　提示对话框

图 3-67　保存文件

【思考与练习】

实训题

1．使用 EXE 加口令给.exe 文件进行加密。

2．使用 PESpin 软件给.exe、.dll 文件加密。

3．使用 C32Asm 工具解密.exe 文件。

4

操作系统安全与加固

项目导读

在网络环境中，网络系统的安全性依赖于网络中各主机系统的安全性，主机系统的安全性正是由其操作系统的安全性所决定的，没有安全的操作系统的支持，网络安全也毫无根基可言。

教学目标

● 掌握操作系统的加固，以防范常见的系统渗透和网络攻击。
● 掌握操作系统相关的安全工具的功能和使用方法。

任务1　Windows 账户与口令的安全设置

【任务描述】

操作系统中不适当的用户账号是攻击者入侵操作系统的主要手段之一。通过对用户账号的安全管理可以避免很多潜在的安全问题。对账户实施管理，确保系统的安全性，采取的措施有限制用户数量、停用 Guest 用户、重命名管理员账户、设置陷阱账户和双管理员账户等。

【任务要求】

掌握安全账户的设置方法。

【知识链接】

1. 本地安全管理

Windows Server 2008 在"管理工具"中提供了"本地安全策略"控制台，可以集中管理本地计算机的安全设置。"本地安全策略"中包括"账户策略""本地策略""软件限制策略"

"IP 安全策略"等。账户策略设置密码策略、账户锁定等。本地策略所设置的值只对本地计算机起作用，包括审核策略、授权用户权限、各种安全机制等。

2. 高强度登录密码

如果计算机的用户账户或管理员账户设置的密码非常简单，或者根本没有设置密码，计算机就很容易被攻击者登录，进而对计算机系统造成威胁和破坏。因此，必须设置合适的密码和密码设置原则，才能竖起保证计算机安全的第一道屏障。

Windows 操作系统识别合法用户的常见手段是账户的登录密码，若登录密码强度不够，操作系统的安全性会存在严重的安全隐患，设置高强度的登录密码是保障计算机安全的基本手段。无论是管理员还是普通账户，都要设置强密码，除必须满足"至少 6 个字符"和"不包括 administrator 或 admin"的要求外，至少要包括下面 4 个条件中的 3 个：

- 包含大写字母。
- 包含小写字母。
- 包含数字。
- 包含非字母数字的特殊字符，如标点符号。

同时还要注意密码须符合以下规则：

- 密码中不要出现名字、昵称或名字的缩写。
- 密码不要使用个人信息，如生日的日期、电话号码。
- 密码不能和用户名相同或相近。
- 密码中不含有重复的字母或数字。

【实现方法】

1. 限制用户数量

有效账户的数量要尽可能少，去掉测试账户和共享账户，系统的账户越多，被攻击成功的可能性越大。如果系统账户超过 10 个，就有可能找到一个或两个弱口令账户，所以账户数量一般不超过 10 个。要经常使用一些扫描工具查看系统账户、账户权限及密码，及时删除不再使用的账户。

（1）单击"开始"→"管理工具"→"计算机管理"命令，弹出如图 4-1 所示的窗口。

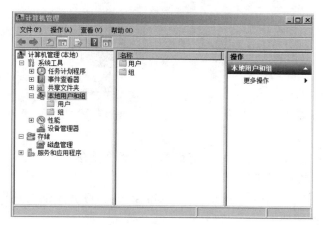

图 4-1　"计算机管理"窗口

（2）单击"本地用户和组"，展开后单击"用户"，在右侧的用户列表中，选择要删除的用户，单击右键弹出快捷菜单，选择"删除"命令，在弹出的对话框中单击"是"按钮，如图4-2所示。

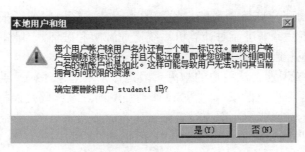

图 4-2　删除多余的账户

2．停用 Guest 账户

停用 Guest 账户，改成一个复杂的名称并添加密码，将 Guest 账户从 Guests 组中删除，任何时候都禁用 Guest 账户登录系统。

（1）在图 4-2 的窗口中，右击 Guest 账户，在弹出的快捷菜单中选择"属性"选项，弹出如图 4-3 所示的窗口，选中"账户已禁用"复选框。

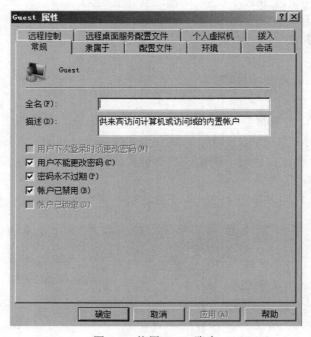

图 4-3　停用 Guest 账户

（2）右击 Guest 账户，在弹出的快捷菜单中选择"重命名"命令，为 Guest 账户改一个新名字，并为其设置一个复杂的密码。

（3）单击"组"，在右侧的组列表中双击 Guests 组，在弹出的对话框中选择 Guest 账户，单击"删除"按钮，如图 4-4 所示。

图 4-4　将 Guest 账户从 Guests 组中删除

3．重命名管理员账户

许多用户都是用 Administrator 账户登录系统，但黑客得知用户登录系统的账户名后，就可以发动有针对性的攻击。如果用户使用 Administrator 账户登录系统，就为黑客攻击创造了条件。因此重命名 Administrator 账户，尽量将其伪装成普通账户，使黑客无法针对该账户发起攻击。

（1）单击"开始"→"管理工具"→"计算机管理"命令，在弹出的窗口的左侧单击"本地用户和组"，展开后单击"用户"，在右侧的用户列表中选择 Administrator 账户，单击鼠标右键，在弹出的快捷菜单中选择"重命名"选项，将 Administrator 账户重新命名为 admin。

（2）单击"开始"→"管理工具"→"本地安全策略"，在弹出的窗口中选择"安全设置"→"本地策略"→"安全选项"，如图 4-5 所示。在窗口右侧双击"账户：重命名系统管理员账户"选项，在弹出的对话框中更改 Administrator 账户名为 admin，如图 4-6 所示。

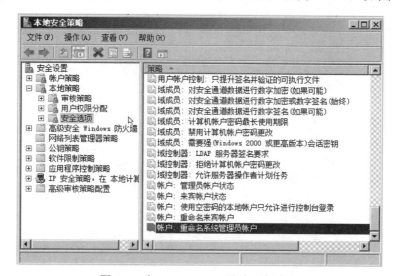

图 4-5　为 Administrator 账户重新命名

图 4-6　更改 Administrator 账户名

4. 设置陷阱账户

在 Guests 组中设置一个 Administrator 账户，把它的权限设置成最低，但密码设置成复杂密码，而且用户不能更改此账户密码，这样就可以使企图入侵的黑客花费一番功夫，并可以借此发现黑客的入侵企图。

（1）单击"开始"→"管理工具"→"计算机管理"，在弹出的窗口的左侧单击"本地用户和组"→"用户"，在右侧的用户列表中单击鼠标右键，在弹出的快捷菜单中单击"新用户"命令，在弹出的"新用户"对话框中，输入用户名 Administrator 和复杂度高的密码，并选中"用户不能更改密码"复选框，设置完成后单击"创建"按钮，如图 4-7 所示。

图 4-7　设置 Administrator 账户

（2）用户列表中已经出现了 Administrator 账户，如图 4-8 所示。

图 4-8　Administrator 账户

（3）将创建的 Administrator 账户添加到 Guests 组中。单击"计算机管理"窗口的"本地用户和组"，然后单击"组"，在右侧出现的列表中选中 Guests 组，单击鼠标右键，在弹出的快捷菜单中单击"添加到组"命令，如图 4-9 所示。

图 4-9　添加到 Guests 组

（4）在弹出的"Guests 属性"对话框中单击"添加"按钮，在弹出的"选择用户"对话框中单击"高级"按钮，在弹出的"高级"对话框中单击"立即查找"，在查找到的用户列表中选择"Administrator"账户，然后单击"确定"按钮，陷阱用户添加完成，如图 4-10 和图 4-11 所示。

5. 设置高强度密码

（1）打开"本地安全策略"窗口，在窗口左侧部分单击"账户策略"→"密码策略"，如图 4-12 所示。

图 4-10　选择账户

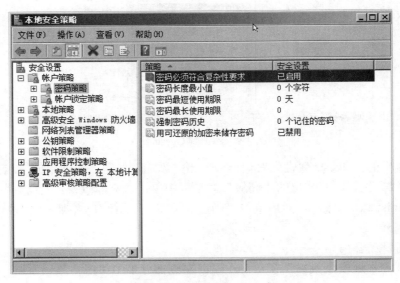

图 4-11　账户添加完成

图 4-12　"本地安全策略"窗口

（2）在窗口右侧列出的策略中双击"密码必须符合复杂性要求"，在弹出的"密码必须符合复杂性要求 属性"对话框中选中"已启用"，然后单击"确定"按钮，如图 4-13 所示。

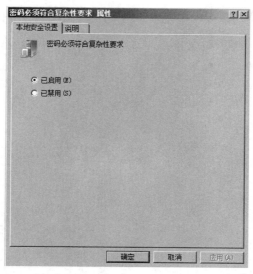

图 4-13　"密码必须符合复杂性要求 属性"对话框

（3）设置密码长度最小值有助于防止用户设置过短的密码，避免用户密码被轻易猜出。在"本地安全策略"窗口的右侧双击"密码长度最小值"，在打开的"密码长度最小值 属性"对话框中可进行该项设置，如图 4-14 所示。若设置为"0 个字符"，则是对密码长度没有要求。该策略生效后，再次更改密码时，必须符合策略中设置的密码长度，否则会弹出错误提示信息。

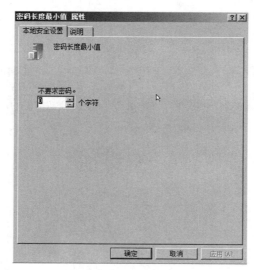

图 4-14　"密码长度最小值 属性"对话框

（4）密码最长存留期可提醒用户在经过一定时间后更改正在使用的密码，这有助于防止长时间使用固定密码带来的安全隐患。密码最短存留期可以避免过于频繁地更改密码导致用户记忆混乱，并且可以防止黑客入侵系统后更改密码。打开"本地安全策略"窗口，在窗口右侧双击"密码最长使用期限",打开该项策略的设置,如图 4-15 所示。可以用同样的方式进行"密码最短存留期"的设置。

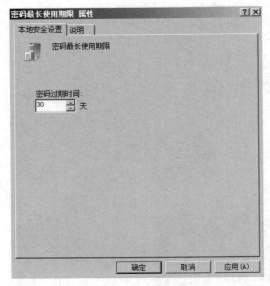

图 4-15　"密码最长使用期限 属性"对话框

（5）"强制密码历史"安全策略可有效防止用户交替使用几个有限的密码带来的安全隐患,该策略可以记住曾经使用过的密码,若用户更改的新密码与已使用过的密码一样,系统会给出提示。该策略最多可以记住 24 个曾经使用过的密码。打开"本地安全策略"窗口,在窗口左侧中选择"密码策略",在窗口右侧双击"强制密码历史",打开该项策略的设置对话框进行设置,如图 4-16 所示。为了使"强制密码历史"安全策略生效,必须将"密码最短存留期"的值设置为一个大于 0 的值。

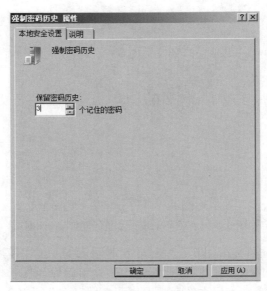

图 4-16　"强制密码历史 属性"对话框

（6）账户锁定策略可以发现账户操作中的异常事件，并锁定异常账户，保护系统的安全性。打开"本地安全策略"窗口，在窗口的左侧选择"账户锁定策略"，在窗口右侧的列表中出现该策略的 3 个设置项："复置账户锁定计数器""账户锁定时间""账户锁定阈值"，如图4-17 所示。"账户锁定阈值"可设置在几次登录失败后锁定该账户，有效地防止黑客对该账户的密码的穷举猜测。当"账户锁定阈值"设置为一个非 0 值后，才可以设置"复置账户锁定计数器"和"账户锁定时间"两个安全策略的值。"账户锁定时间"设定了账户保持锁定状态的分钟数，当时间过后，账户会自动解锁，以确保合法的用户在账户解锁后可以通过正确的密码登录系统，如图 4-18 所示。

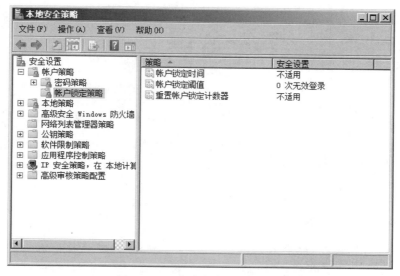

图 4-17　"本地安全设置"窗口

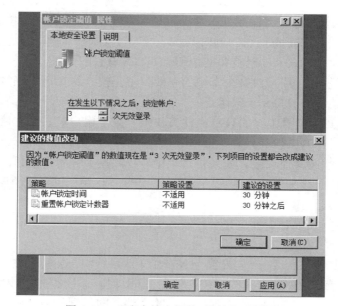

图 4-18　"账户锁定阈值 属性"对话框

【思考与练习】

理论题

高强度密码要满足什么条件？

实训题

对操作系统的用户账户进行设置，以确保系统的安全性。

任务 2　Windows 文件系统的安全设置

【任务描述】

以某公司的实际应用为例，公司销售部和技术部各有一个共享文件夹，存放本部门的资料，部门经理对本部门的文件夹有完全控制权限，部门员工对本部门文件夹具有读写权限，对公司其他部门的文件夹有只读的权限。

【任务要求】

掌握文件权限的设置方法。

【知识链接】

1. 设置文件权限需要注意的几点

（1）NTFS 文件权限为：读取（读文件，查看文件属性、拥有人和权限）；写入（覆盖写入文件，修改文件属性，查看文件拥有人和权限）；读取和运行（运行应用程序，同时具备"读取"权限）；修改（修改和删除文件，同时具备"写入"权限和"读取和运行"权限）；完全控制（改变权限，成为拥有人，同时具备其他所有 NTFS 文件权限）。

（2）权限是累积的。用户对某个资源的有效权限是授予这一用户账号的 NTFS 权限和该用户所属的用户组具备的 NTFS 权限组合。

（3）NTFS 的文件权限超越 NTFS 文件夹权限。某个用户对某个文件有"修改"权限，即使他对于包含该文件的文件夹只有"读取"权限，该用户仍然能够修改该文件。

（4）拒绝权限超越其他权限。如果将"拒绝"权限授予某用户或组，即使这个用户作为某个组的成员具有访问该文件或文件夹的权限，因为将"拒绝"权限授予该用户，用户具有的任何其他权限也被阻止了。

（5）共享文件夹权限有 3 种：完全控制、更改、读取。

2. 加密文件系统

Windows 加密文件系统（EFS）内置于 NTFS 文件系统中。加密文件系统为 NTFS 文件提供文件级的加密，是基于公共密钥的系统。使用 EFS 时，系统首先生成文件加密密钥（File Encryption Key，FEK），利用 FEK 创建加密后的文件，同时删除未加密的原始文件，然后，系统利用当前用户的公钥加密 FEK，并把加密后的 FEK 存储在一个加密文件夹中。当用户访问一个加密文件时，系统首先利用当前用户的私钥解密 FEK，再利用 FEK 解密出加密文件。

【实现方法】

1. NTFS 文件权限的设置

（1）创建与各部门对应的工作组，并把相应的部门员工账户加入各自的工作组。建立销售部和技术部两个工作组：xiaoshoubu、jishubu，建立两个部门各自的员工账户：xiaoshou1、xiaoshou2、jishu1、jishu2，将用户账户加入对应的工作组，如图 4-19 和图 4-20 所示。删除这些员工账户默认的 users 组的隶属关系，如图 4-21 所示。

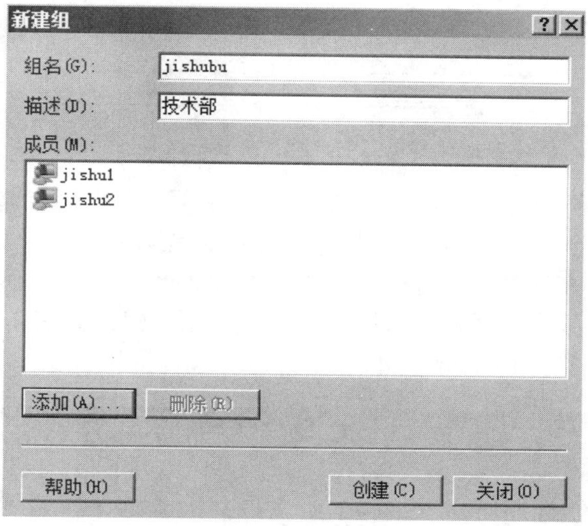

图 4-19　新建"技术"部组

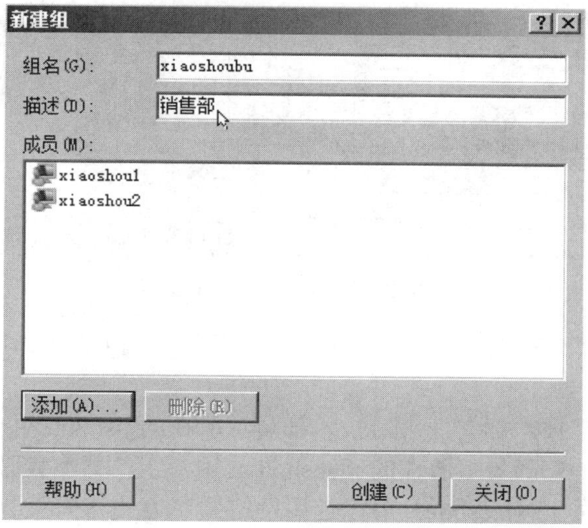

图 4-20　新建"销售部"组

图 4-21　删除员工账户默认的 users 组的隶属关系

（2）在服务器上建立两个文件夹：销售部、技术部。右击销售部文件夹，在弹出的快捷菜单中选择"属性"命令，在弹出的"销售部 属性"对话框中选择"共享"选项卡，单击"高级共享"按钮，弹出"高级共享"对话框，选中"共享此文件夹"，然后单击"权限"按钮，在弹出的"销售部的权限"对话框中添加 xiaoshoubu 用户组，如图 4-22 所示。把 xiaoshoubu 的权限设为"更改"和"读取"，如图 4-23 所示。

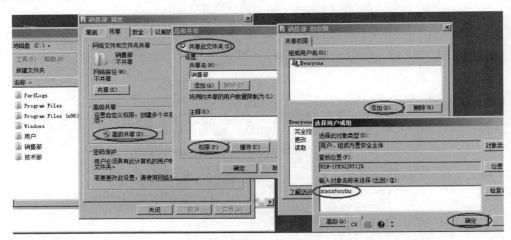

图 4-22　添加 "xiaoshoubu" 组

（3）在销售部文件夹的权限设置中，添加技术部员工的 jishubu 用户组，并把其权限设置为"读取"。

（4）同样的操作，把技术部文件夹对技术部员工所在的 jishubu 用户组设置共享权限为"更改"和"读取"，而对销售部员工所在的 xiaoshoubu 用户组的共享权限设置为"读取"。

（5）此时销售部员工 xiaoshou1 可以使用网络共享方式访问服务器上的本部门共享文件夹，但是试图上传文件时提示没有权限，这就需要修改文件夹的 NTFS 权限。查看销售部文件夹的 NTFS 权限，把 xiaoshoubu 用户组的权限设置为"修改"，如图 4-24 所示。

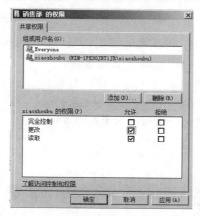

图 4-23　把权限设为"更改"和"读取"

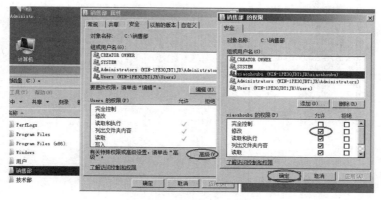

图 4-24　更改组的权限

（6）再次尝试上传文件，成功上传。所以，共享权限和 NTFS 权限要配合使用。

2．文件系统的加密和解密

（1）使用 EFS 对技术部的共享文件夹加密。右击文件夹，在弹出的快捷菜单中选择"属性"，在"技术部属性"对话框中，选择"常规"选项卡，单击"高级"按钮，在弹出的"高级属性"对话框中，选中"加密内容以便保护数据"复选框，然后单击"确定"按钮，如图 4-25 所示。

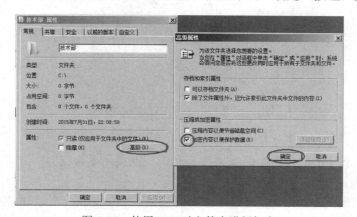

图 4-25　使用 EFS 对文件夹进行加密

（2）返回"技术部属性"对话框，单击"应用"按钮。如果是对文件夹加密，但有未加密的子文件夹存在，会弹出提示，可根据需要进行选择。如果是对文件加密，但其父文件夹没有加密，会弹出"加密警告"，可根据需要进行选择。

（3）备份密钥和 EFS 文件夹解密。为了重装系统后仍可打开 EFS 加密文件或是其他人能共享 EFS 文件，可以进行密钥的备份。运行"certmgr.msc"打开证书管理界面，依次双击展开"证书－当前用户"→"个人"→"证书"，在右侧框里显示出以当前用户名为名称的证书。

（4）右击证书，选择"所有任务"→"导出"命令，弹出"证书导出向导"对话框，如图 4-26 和图 4-27 所示。

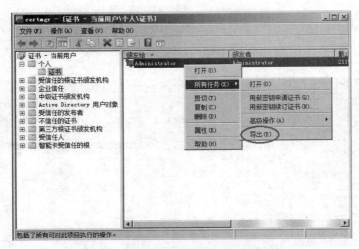

图 4-26　显示当前用户名为名称的证书

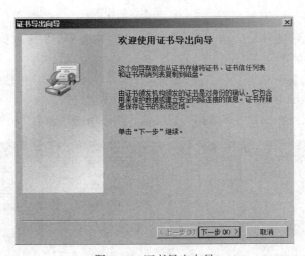

图 4-27　证书导出向导

（5）单击"下一步"按钮，出现"导出私钥"的提示后，选择"是，导出私钥"，将私钥和证书一起导出，如图 4-28 所示。

（6）选择导出的证书的文件格式，并为证书设置一个密码，指定导出的证书的文件名，可以将证书导入到移动存储介质上，最后完成导出，如图 4-29 至图 4-31 所示。

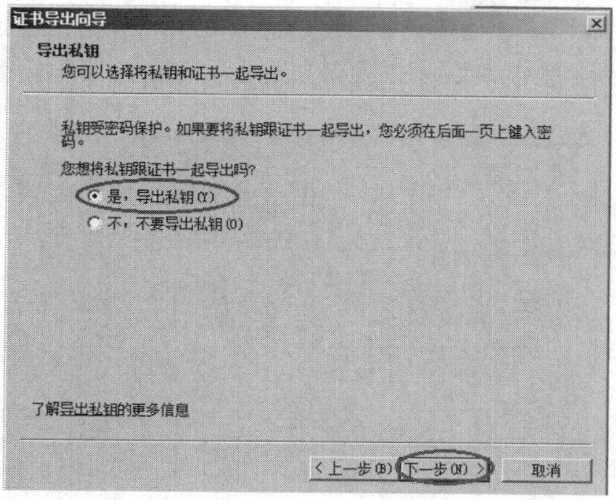

图 4-28　导出私钥

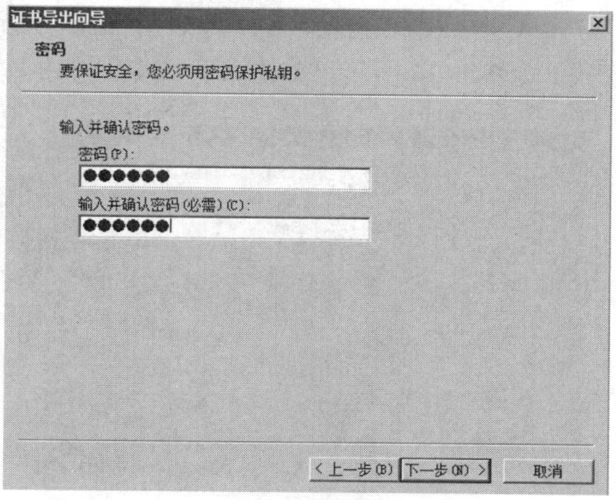

图 4-29　设置密码

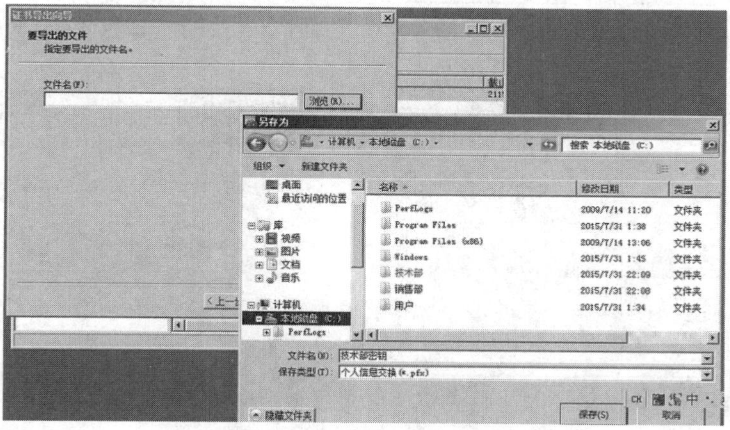

图 4-30　设置文件名

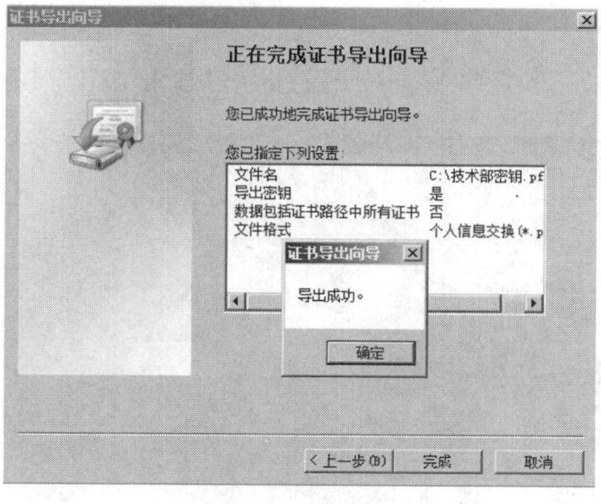

图 4-31　导出成功

（7）重新安装系统后，如果要使用 EFS 加密过的文件，需要导入证书。直接双击此证书文件，弹出“证书导入向导”，如图 4-32 所示。

（8）导入时选择该文件，如图 4-33 所示，单击"下一步"按钮，输入导出时设置的保护密码，如图 4-34 所示，单击"下一步"按钮，然后设置导入后证书存放的位置，如图 4-35 所示。

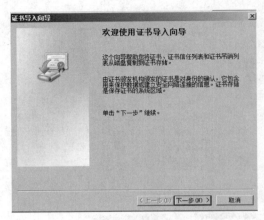

图 4-32　证书导入向导

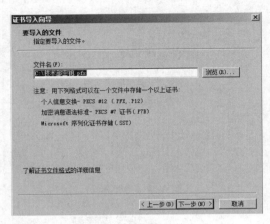

图 4-33　选择文件

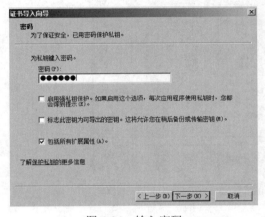

图 4-34　输入密码

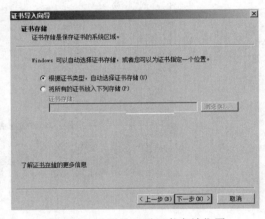

图 4-35　设置导入后证书存放位置

（9）完成导入，可在证书管理界面中查看证书状态，如图 4-36 所示。

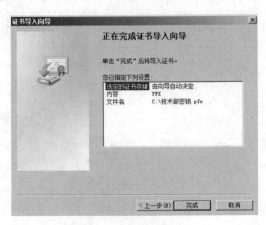

图 4-36　完成导入

【思考与练习】

理论题

1. 简述 NTFS 权限和共享权限的差异。
2. 简述导出、导入文件加密证书的过程。

实训题

1. 为计算机上某一共享文件夹设置 NTFS 权限。
2. 使用 EFS 对文件夹进行加密保存。

任务 3　Windows 组策略

【任务描述】

　　Windows 组策略可以设置个性化的任务栏和"开始"菜单、管理和实现 IE 安全，也可对特定的域或工作组执行禁止运行命令行、禁止运行自动播放功能、禁止使用控制面板、限制使用应用程序等。本次任务是以 Windows Server 2008 服务器系统为例实现的。

【任务要求】

　　掌握常用的组策略设置方法。

【知识链接】

　　1. 组策略的概念

　　组策略设置定义了系统管理员需要管理的用户桌面环境的各种组件，如用户可用的程序、用户桌面上出现的程序以及"开始"菜单选项。组策略不仅应用于用户和用户端计算机，还应用于成员服务器、域控制器以及管理范围内的任何计算机。默认情况下，应用于域的组策略会影响域中的所有计算机和用户。

　　2. 组策略的内容

　　组策略主要可进行两个方面的配置：计算机配置和用户配置。"计算机配置"是对整个计算机的系统配置进行设置，对当前计算机中所有用户的运行环境都起作用；"用户配置"是对当前用户的系统配置进行设置，仅对当前用户起作用。如果"计算机配置"和"用户配置"都提供了"停用自动播放"功能的设置，但起到的作用是不同的。如果在"计算机配置"中选择了这项功能，那么计算机中所有用户的光盘自动运行功能都会失效；如果是在"用户配置"中选择了这项功能，那么就只有该用户的光盘自动运行功能失效，其他用户不会受到影响。

　　"计算机配置"下的设置仅对计算机对象生效，"用户配置"下的设置仅对用户对象生效。当"计算机配置"和"用户配置"发生冲突时，"计算机配置"优先。有部分配置在"计算机配置"中拥有且在"用户配置"中也有同样的配置，它们是不会跨越执行的。如果希望某个配置选项对计算机账户和用户账户都启用，就必须在"计算机配置"和"用户配置"中都进行设置。

展开"计算机配置"和"用户配置"，会发现有以下三个项目，如图 4-37 所示。

- 软件设置：对已经安装好的软件进行管理和维护。
- Windows 设置：系统或用户的开关机脚本、系统安全等内容的设置。
- 管理模板：系统、网络、Windows 组件等内容的设置，还可以添加或删除管理模块。

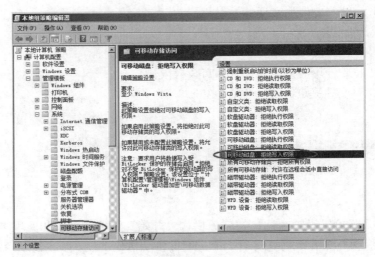

图 4-37   本地组策略编辑器

当多个组策略在一起时，执行的顺序是本地组策略、活动目录的站点策略、活动目录的域策略、活动目录的阻止单位策略。这些策略不一致时，后应用的策略覆盖前一个策略。

【实现方法】

1. 禁止使用可移动存储器复制资料

组策略设置可以禁止使用可移动存储器复制资料，即禁止使用 U 盘、移动硬盘，但不禁用 USB 鼠标，提高服务器安全性。

运行 gpedit.msc，按回车键后，打开本地组策略编辑器运行，单击展开"计算机配置"→"管理面板"→"系统"→"可移动存储访问"，双击右侧框内"可移动硬盘：拒绝写入权限"，设置为"已启用"，如图 4-37 所示。

2. 断开远程连接恢复系统状态

一些不怀好意的用户往往会同时建立多个远程连接，来消耗服务器系统的宝贵资源，最终达到搞垮服务器系统的目的。在实际管理服务器系统的过程中，一旦发现服务器系统运行状态突然不正常时，可以按照下面的办法强行断开所有与服务器系统建立连接的各个远程连接，以便及时将服务器系统的工作状态恢复正常。

运行 gpedit.msc，按回车键后，打开本地组策略编辑器，单击展开"计算机配置"→"用户配置"→"管理模板"→"网络"→"网络连接"，如图 4-38 所示，双击"网络连接"分支下面的"删除所有用户远程访问连接"选项，在弹出的如图 4-39 所示的选项设置对话框中，选中"已启用"选项，再单击"确定"按钮保存好上述设置，这样服务器系统中的各个远程连接都会被自动断开，此时对应系统的工作状态可能会立即恢复正常。

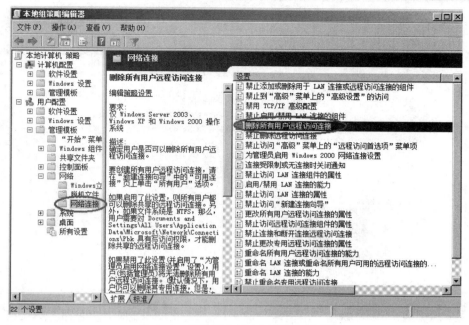

图 4-38　删除所有用户远程访问连接

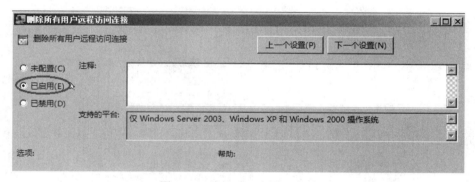

图 4-39　选择"已启用"选项

3. 限制使用迅雷进行恶意下载

普通用户随意使用迅雷工具进行恶意下载，这样不但浪费本地系统的磁盘空间资源，而且也会大大消耗本地系统的上网带宽资源。而在 Windows Server 2008 系统环境下，限制普通用户随意使用迅雷工具进行恶意下载的方法有很多，可以利用系统新增加的高级安全防火墙功能，或者通过限制下载端口等方法来实现上述控制目的，其实除了这些方法外，还可以利用系统的软件限制策略来达到这一目的。

（1）运行 gpedit.msc，按回车键后，打开本地组策略编辑器，单击展开"计算机配置"→"Windows 设置"→"安全设置"→"软件限制策略"选项，用鼠标右键单击该选项，并执行快捷菜单中的"创建软件限制策略"命令，如图 4-40 所示。

（2）在对应"软件限制策略"选项的右侧显示区域，双击"强制"组策略项，打开如图 4-41 所示的设置对话框，选中"除本地管理员以外的所有用户"选项，其余参数都保持默认设置，再单击"确定"按钮。

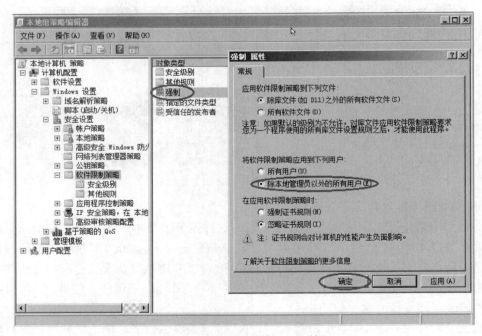

图 4-40　创建软件限制策略

图 4-41　"强制 属性"对话框

（3）选中"软件限制策略"节点下面的"其他规则"选项，右键单击该组策略选项，从弹出的快捷菜单中选择"新建路径规则"命令，如图 4-42 所示。

（4）出现如图 4-43 所示的对话框，单击"浏览"按钮选中迅雷下载程序，同时将对此应用程序的"安全级别"参数设置为"不允许"，最后单击"确定"按钮执行参数设置保存操作。

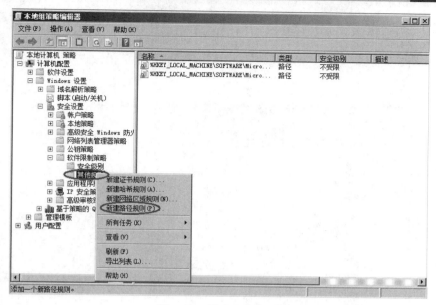

图 4-42　新建路径规则

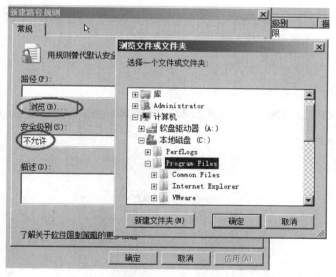

图 4-43　设置安全级别

　　重新启动一下操作系统，当用户以普通权限账号登录进入该系统后，普通用户就不能正常使用迅雷程序进行恶意下载了，不过当以系统管理员权限进入本地计算机系统时，仍然可以正常运行迅雷程序进行随意下载。

　　4. 禁止来自外网的非法 ping 攻击

　　利用 Windows 系统自带的 ping 命令，可以快速判断局域网中计算机的网络连通性，但 ping 命令也容易被一些恶意用户所利用，恶意用户可以借助专业工具不停地向计算机发送 ping 命令测试包时，计算机系统由于无法对所有测试包进行应答，从而容易出现瘫痪现象。为了保证服务器系统的运行稳定性，可以修改该系统的组策略参数，禁止来自外网的非法 ping 攻击。

（1）运行 gpedit.msc，按回车键后，打开本地组策略编辑器，单击展开"计算机配置"
→"Windows 设置"→"安全设置"→"高级安全 Windows 防火墙"→"高级安全 Windows
防火墙—本地组策略对象"→"入站规则"选项，用鼠标右键单击该选项，并执行快捷菜单中
的"新建规则"命令，如图 4-44 所示。

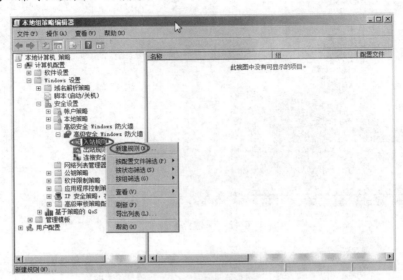

图 4-44　新建规则

（2）在弹出的"新建入站规则向导"对话框中，将"自定义"选项选中，然后单击"下
一步"按钮，如图 4-45 所示。

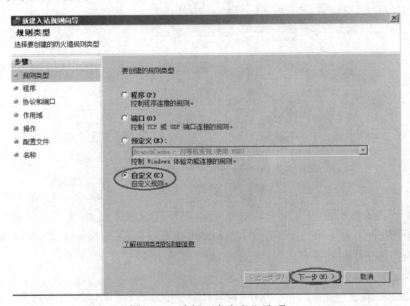

图 4-45　选择"自定义"选项

（3）在弹出的对话框中将"所有程序"项目选中，然后单击"下一步"按钮，如图 4-46
所示。

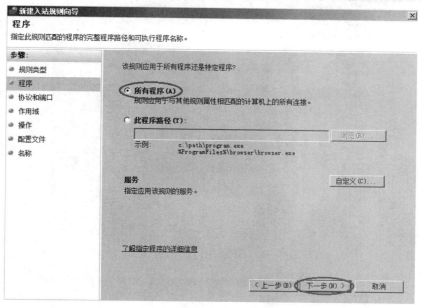

图 4-46　选择"所有程序"选项

（4）在弹出的对话框中选择"ICMPv4"选项，单击"下一步"按钮，如图 4-47 所示。

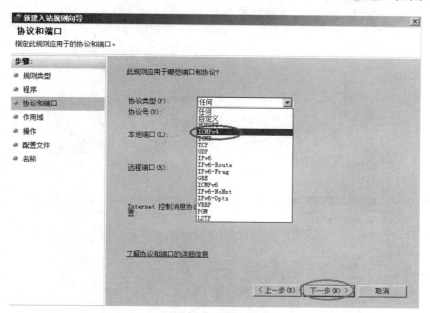

图 4-47　选择"ICMPv4"选项

（5）在弹出的对话框中选择应用于哪些本地 IP 地址和哪些远程 IP 地址，然后单击"下一步"按钮，如图 4-48 所示。

（6）在弹出的对话框中选择是否允许连接，选择"阻止连接"，然后单击"下一步"按钮，如图 4-49 所示。

（7）在弹出的对话框中选择何时应用本规则，然后单击"下一步"按钮，如图 4-50 所示。

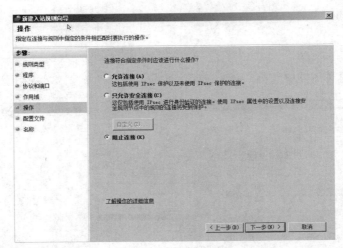

图 4-48　选择应用于哪些 IP 地址

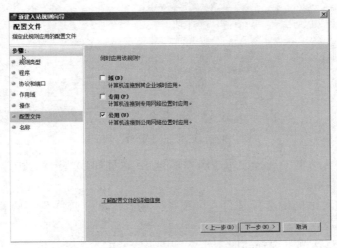

图 4-49　选择阻止连接

图 4-50　选择何时应用规则

（8）在弹出的对话框中输入本规则的名称，单击"完成"按钮，使新规则生效，如图 4-51 所示。

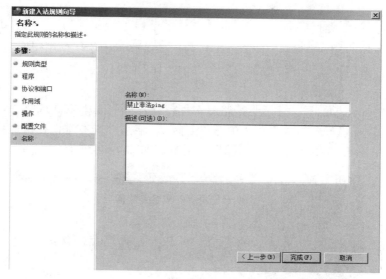

图 4-51　输入规则名称

【思考与练习】

理论题

简述组策略的概念。

实训题

设置 Windows Server 2008 系统的软件限制策略，限制系统的临时文件夹的使用，避免病毒隐藏于系统临时文件夹中。

任务 4　远程服务与安全设置

【任务描述】

远程桌面服务的系统服务为 Terminal Services，远程桌面服务开启后，可以方便管理远程服务器，但也给服务器带来了一定的威胁。可以通过设置安全策略限制连接终端服务的 IP 地址及网络。

【任务要求】

掌握远程访问的安全策略及实施方法。

【实现方法】

1. 远程服务与安全设置

终端服务器的 IP 地址为 192.168.10.100,为了服务器的安全,现在只允许 IP 地址 192.168.10.110 连接终端。首先在 IP 策略里新建一条策略,拒绝任何 IP 地址连接到本台服务器的 3389 端口,然后再建立一条规则,只允许 192.168.10.110 这个 IP 地址连接本台服务器的 3389 端口。

(1)运行"gpedit.msc",打开组策略编辑器,在左侧列表中依次选择"计算机配置"→"Windows 设置"→"安全设置"→"IP 安全策略",然后单击右键,在快捷菜单中选择"创建 IP 安全策略",弹出"IP 安全策略向导"对话框,如图 4-52 所示。

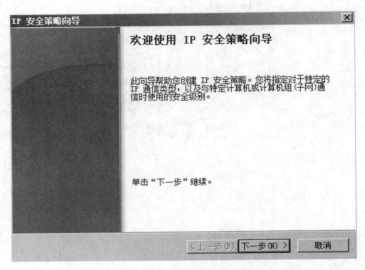

图 4-52　IP 安全策略向导

(2)在"IP 安全策略向导"中单击"下一步"按钮,将策略命名,如图 4-53 所示。

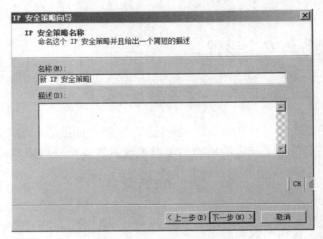

图 4-53　命名安全策略

（3）单击"下一步"按钮，直到出现"正在完成 IP 安全策略向导"提示，单击"完成"按钮，如图 4-54 所示。

（4）在"组策略编辑器"的左侧列表中单击"IP 安全策略"，右侧框中会出现新建的安全策略，在其右键快捷菜单中选择"属性"选项，弹出策略属性对话框，如图 4-55 所示。

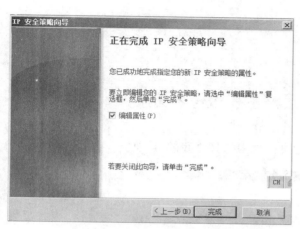

图 4-54　完成安全策略向导

图 4-55　新 IP 安全策略属性

（5）在图 4-55 中单击左下角的"添加"按钮，弹出"安全规则向导"窗口，在"隧道终结点"对话框中选择"此规则不指定隧道"，在"网络类型"对话框中选择"所有网络连接"，然后在"IP 筛选器列表"对话框中单击右侧的"添加"按钮，弹出新的"IP 筛选器列表"对话框，如图 4-56 所示。

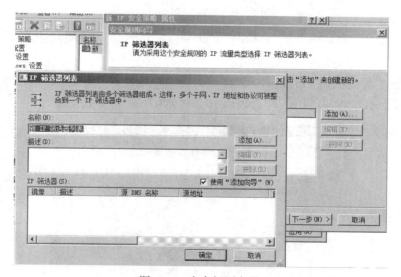

图 4-56　安全规则向导

（6）单击"IP 筛选器列表"对话框中右侧的"添加"按钮，出现"IP 筛选器向导"对话框，然后执行"下一步"按钮，直到出现"IP 流量源 指定 IP 流量的源地址"对话框，在"源地址"栏选择"任何 IP 地址"，如图 4-57 所示。

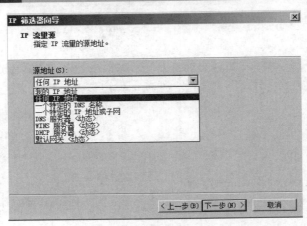

图 4-57　指定源地址

（7）单击"下一步"按钮，在"目的地址"栏中选择"我的 IP 地址"，如图 4-58 所示。

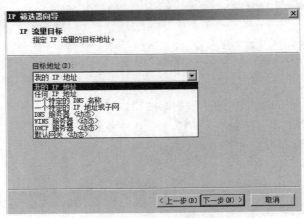

图 4-58　指定目标地址

（8）单击"下一步"按钮，在"IP 协议类型"中选择"TCP 协议"，再单击"下一步"按钮，将"到此端口"参数设置为 3389，如图 4-59 所示。

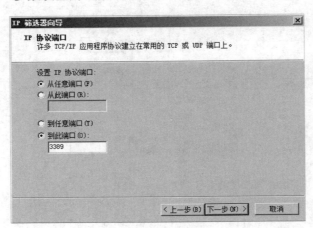

图 4-59　指定端口

（9）单击"下一步"按钮，再单击"完成"按钮。然后在"安全策略向导"对话框的"IP 筛选器列表"中选择自己建立的 IP 筛选器，然后单击"下一步"按钮，如图 4-60 所示。

（10）弹出"筛选器操作"对话框，单击右侧的"添加"按钮，如图 4-61 所示。

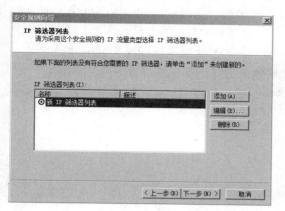
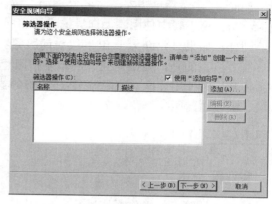

图 4-60　IP 筛选器列表　　　　　　　　　图 4-61　IP 筛选器操作

（11）单击"下一步"按钮，给筛选器设置操作名称，单击"下一步"按钮，在弹出的对话框中选择"阻止"选项，单击"下一步"按钮，再单击"完成"按钮，在筛选面板上选中"阻止 IP 端口"单选按钮，单击"下一步"按钮，如图 4-62 所示。

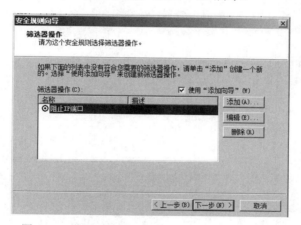

图 4-62　设置"筛选器操作"为"阻止 IP 端口"

（12）单击"下一步"按钮，然后单击"完成"按钮。在"新 IP 安全策略属性"对话框中单击"确定"按钮后，在"组策略编辑器"中右击新建的策略使其生效，如图 4-63 所示。

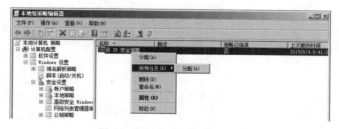

图 4-63　指派刚新建的策略

通过以上的设置，任何 IP 地址的端口都无法连接到服务器的 3389 端口。在刚才新建的 IP 策略里新建一条规则，允许指定的 IP 地址 192.168.10.110 访问服务器的 3389 端口。具体操作类似上面的创建阻止策略，但规则设定为"许可"。在"IP 策略属性"对话框中取消勾选"使用添加向导"，然后单击左下方的"添加"按钮，在弹出的"新规则属性"对话框中选择各选项卡，与上述步骤中使用添加向导的设置相同，不过步骤更加直观。

同样，如果只允许某一 IP 网段访问服务器终端，只需要将源地址选择为某一网段即可。

需要注意的是，要确保允许的策略在阻止策略的上方，因为策略是从上至下的顺序，这两条规则同时使用才能实现限制 IP 访问服务器终端，重启下规则，先关闭指派，再重新指派即可。限制访问服务器终端全部完成。

【思考与练习】

实训题

对本地计算机的操作系统进行安全加固。

5

计算机病毒与木马

项目导读

  日新月异的计算机病毒，就像幽灵一样伴随着计算机和网络的普及而四处游荡，并不断地通过各种手段袭击互联网上的每一台计算机,令人防不胜防。伴随着计算机技术的不断进步，计算机病毒也在不停地产生变化。早期的计算机病毒还主要依靠文件的拷贝来传递，但在互联网飞速发展的今天，计算机病毒找到了它的新媒介，新的病毒可以在短时间内通过网络迅速蔓延开来,往往因此造成巨大的损失。计算机病毒与木马的防护是保证网络安全运行的重要保障。

教学目标

- 掌握计算机病毒、木马的类别、结构和特点。
- 掌握计算机病毒的检测与防范方法。
- 掌握木马的清除方法。
- 掌握查毒软件的使用方法。

任务1 认识计算机病毒与木马

【任务描述】

  随着互联网的日益流行，各种病毒木马也猖獗起来，几乎每天都有新的病毒产生，大肆传播破坏，给广大互联网用户造成了极大的危害，几乎到了令人谈毒色变的地步。各种病毒、蠕虫、木马纷至沓来，令人防不胜防。在此将从计算机病毒和木马的基本概念入手，使大家对其有充分的认识，达到防范于未然的目的。

【任务要求】

掌握计算机病毒的定义、分类和结构。

掌握计算机病毒的特点。

掌握木马的定义和分类。

【知识链接】

1. 计算机病毒的起源

关于计算机病毒的起源现在有几种说法，但还没有一个被人们确认，也没有实质性的论述予以证明。但对于计算机病毒的发源地，大家都一致认为是美国。

（1）科学幻想起源说。

1977 年，美国科普作家托马斯·丁·雷恩推出轰动一时的《Adolescence of P-1》一书。作者构思了一种能够自我复制，利用信息通道传播的计算机程序，并称之为计算机病毒。这是世界上第一个幻想出来的计算机病毒。

（2）恶作剧起源说。

恶作剧者大多是那些对计算机知识和技术均有兴趣的人，这些人或是要显示一下自己在计算机知识方面的天资，或是要报复一下别人或单位。前者是无恶意的，所编写的病毒也大多不是恶意的，只是和对方开个玩笑，显示一下自己的才能以达到炫耀的目的。

（3）游戏程序起源说。

20 世纪 70 年代，计算机在社会上还没有得到广泛的普及应用，美国贝尔实验室的计算机程序员为了娱乐，在自己实验室的计算机上编制吃掉对方程序的程序，看谁先把对方的程序吃光，有人认为这是世界上第一个计算机病毒，但这只是一个猜测。

（4）软件制造商保护软件起源说。

计算机软件是一种知识密集型的高科技产品，由于人们对于软件资源的保护不尽合理，这就使得许多合法的软件被非法复制的现象极为平常，从而使得软件制造商的利益受到了严重的侵害。因此，软件制造商为了处罚那些非法拷贝者，而在软件产品之中加入病毒程序并由一定条件触发传染。例如，Pakistani Brain 病毒在一定程度上就证实了这种说法。该病毒是巴基斯坦的两兄弟为了追踪非法复制其软件的用户而编制的，它只是修改磁盘卷标，把卷标改为 Brain 以便识别。正因为如此，当计算机病毒出现之后，有人认为这是软件制造商为了保护自己的软件不致被非法复制而导致的结果。

2. 病毒的特性

计算机病毒具有破坏性、传染性、潜伏性、隐蔽性、触发性的特点，单独根据某一特性是不能判断某个程序是否是病毒的，例如触发性，很多应用程序都具有触发性，如杀毒软件可以在满足一定条件下自动进行系统的病毒扫描。

（1）破坏性。

计算机中毒后，可能会导致正常的程序无法运行，把计算机内的文件删除或受到不同程度的损坏。通常表现为增、删、改、移。

（2）传染性。

计算机病毒会通过各种渠道从已被感染的计算机扩散到未被感染的计算机，在某些情况下造成被感染的计算机工作失常甚至瘫痪。计算机病毒是一段人为编制的计算机程序代码，这段程序代码一旦进入计算机并得以执行，它就会搜寻其他符合其传染条件的程序或存储介质，确定目标后再将自身代码插入其中，达到自我繁殖的目的。只要一台计算机染毒，如不及时处理，计算机病毒可通过各种可能的渠道，如移动存储设备、计算机网络去传染其他的计算机。是否具有传染性是判别一个程序是否为计算机病毒的最重要条件。

（3）潜伏性。

有些病毒像定时炸弹一样，它什么时间发作是预先设计好的。比如黑色星期五病毒，不到预定时间一点都觉察不出来，等到条件具备的时候一下子就爆炸开来，对系统进行破坏。一个编制精巧的计算机病毒程序，进入系统之后一般不会马上发作，因此病毒可以静静地躲在磁盘或磁带里呆上几天，甚至几年，一旦时机成熟，得到运行机会，就又要四处繁殖、扩散，继续为害。计算机病毒的内部往往有一种触发机制，不满足触发条件时，计算机病毒除了传染外不做什么破坏。触发条件一旦得到满足，有的在屏幕上显示信息、图形或特殊标识，有的则执行破坏系统的操作，如格式化磁盘、删除磁盘文件、对数据文件做加密、封锁键盘以及使系统死锁等。

（4）隐蔽性。

计算机病毒具有很强的隐蔽性，有的可以通过病毒软件检查出来，有的根本就查不出来，有的时隐时现、变化无常，这类病毒处理起来通常很困难。

（5）可触发性。

病毒因某个事件或数值的出现，诱使病毒实施感染或进行攻击的特性称为可触发性。为了隐蔽自己，病毒必须潜伏，少做动作。如果完全不动，一直潜伏的话，病毒既不能感染也不能进行破坏，便失去了杀伤力。病毒既要隐蔽又要维持杀伤力，它必须具有可触发性。病毒的触发机制就是用来控制感染和破坏动作的频率的。病毒具有预定的触发条件，这些条件可能是时间、日期、文件类型或某些特定数据等。病毒运行时，触发机制检查预定条件是否满足，如果满足，启动感染或破坏动作，病毒进行感染或攻击；如果不满足，病毒继续潜伏。例如所谓的时间炸弹（Time bombs），能够在发作日期到来之前一直保持潜伏和无害状态。

（6）加密性。

有些病毒通过加密而防止被检测出来。大多数病毒扫描软件是通过搜索文件来发现那些标识病毒的字符串而扫描病毒的。如果病毒被加密了，它就会阻止反病毒程序对它进行检测。

（7）多态性。

具有多态性的病毒在每次传输到一个新的系统时都会修改自己的特性，例如，字节、大小、内部指令的安排，这样就使得要辨认它们更加困难。有些多态性病毒使用复杂的算法并编入一些无关的指令来达到这种修改的目的。多态性病毒被认为是最复杂并且潜在威胁最大的一种病毒。

3．计算机病毒的分类

（1）按计算机病毒的寄生方式和传染途径分类。

①引导型病毒：寄生在磁盘引导区或主引导区的计算机病毒。此种病毒利用系统引导时不对主引导区的内容正确与否进行判别的缺点，侵入系统，驻留内存，监视系统运行，伺机传染和破坏。按照引导型病毒在硬盘上的寄生位置又可细分为主引导记录病毒和分区引导记录病毒。主引导记录病毒感染硬盘的主引导区，如大麻病毒、2708病毒、火炬病毒等；分区引导

记录病毒感染硬盘的活动分区引导记录，如小球病毒、Girl 病毒等。

②文件型病毒：能够寄生在文件中的计算机病毒。这类病毒程序通常感染扩展名为 COM、EXE、SYS 等类型的可执行文件或数据文件。如 1575/1591 病毒、848 病毒感染 COM 和 EXE 等可执行文件；Macro/Concept、Macro/Atoms 等宏病毒感染 DOC 文件。

③复合型病毒：具有引导型病毒和文件型病毒寄生方式的计算机病毒。这种病毒扩大了病毒程序的传染途径，它既感染磁盘的引导记录，又感染可执行文件。当染有此种病毒的磁盘用于引导系统或调用执行染毒文件时，病毒都会被激活。因此在检测、清除复合型病毒时，必须全面彻底地根治，如果只发现该病毒的一个特性，把它只当作引导型或文件型病毒进行清除，虽然好像是清除了，但还留有隐患，这种经过消毒后的"洁净"系统更富有攻击性。这种病毒有 Flip 病毒、新世纪病毒、One-half 病毒等。

（2）按计算机病毒的连接方式分类。

①源码型病毒：攻击高级语言编写的源程序，在源程序编译之前插入其中，并随源程序一起编译、连接成可执行文件，成为合法程序的一部分。此时刚刚生成的可执行文件便已经带毒了。此种病毒较为少见，难以编写。

②入侵型病毒：可用自身代替正常程序中的部分模块或堆栈区，这类病毒只攻击某些特定程序，针对性强。一般情况下难以发现，清除起来也比较困难。

③操作系统型病毒：可用其自身部分加入或替代操作系统的部分功能，因其直接感染操作系统，危害性较大。

④外壳型病毒：将自身附在正常程序的开头或结尾，相当于给正常程序加了个外壳，对原文件不作修改，运行可执行文件时，病毒程序首先被执行，进入到系统中，获得对系统的控制权。

（3）按计算机病毒的破坏性分类。

①良性病毒：是指那些只是为了表现自身，并不彻底破坏系统和数据，但会大量占用系统 CPU 资源，增加系统开销，降低系统工作效率的一类计算机病毒。这种病毒多数是恶作剧者的产物，他们的目的不是为了破坏系统和数据，而是为了让计算机用户通过显示器或扬声器看到或听到病毒设计者的编程技术。这类病毒有小球病毒、1575/1591 病毒、救护车病毒、扬基病毒、Dabi 病毒等。还有一些人利用病毒的这些特点宣传自己的政治观点和主张。也有一些病毒设计者在其编制的病毒发作时进行人身攻击。

②恶性病毒：是指病毒制造者在主观上故意要对被感染的计算机实施破坏，这类病毒一旦发作就破坏系统的数据、删除文件、加密磁盘或格式化操作系统盘，使系统处于瘫痪状态。这类病毒有黑色星期五病毒、火炬病毒、米开朗·基罗病毒等。这种病毒危害性极大，有些病毒发作后可以给用户造成不可挽回的损失。

以上描述的是比较常见的几种计算机病毒的分类方式。此外，按照计算机病毒攻击的系统分类，还可以分为攻击 DOS 系统的病毒、攻击 Windows 系统的病毒、攻击 UNIX/Linux 系统的病毒、攻击 OS/2 系统的病毒、攻击 Macintosh 系统的病毒、其他操作系统上的病毒等。

4. 计算机病毒的表现

当计算机病毒发作时一般会出现一些发作现象，以下是一些计算机病毒发作前常见的表现现象。

（1）计算机经常性无缘无故地死机。

病毒感染了计算机系统后，将自身驻留在系统内并修改了中断处理程序等，引起系统工作不稳定，造成死机现象发生。

（2）操作系统无法正常启动。

操作系统报告缺少必要的启动文件，或启动文件被破坏，系统无法正常启动。这很可能是计算机病毒感染系统文件后使得文件结构发生变化，无法被操作系统加载、引导。

（3）运行速度明显变慢。

在硬件设备没有损坏或更换的情况下，本来运行速度很快的计算机，运行同样的应用程序，速度明显变慢，而且重启后依然很慢。这很可能是计算机病毒占用了大量的系统资源，并且自身的运行占用了大量的处理器时间，造成系统资源不足，运行变慢。

（4）内存不足的错误。

某个以前能够正常运行的程序，程序启动的时候报告系统内存不足，这可能是计算机病毒驻留后占用了系统中大量的内存空间，使得可用内存空间减小。

（5）硬盘无法启动，数据丢失。

计算机病毒破坏了硬盘的引导扇区后，就无法从硬盘启动计算机系统了。有些计算机病毒修改了硬盘的关键内容（如文件分配表、根目录区等），使得原先保存在硬盘上的数据几乎完全丢失。

（6）系统文件丢失或被破坏。

通常系统文件是不会被删除或修改的，除非对计算机操作系统进行了升级。但是某些计算机病毒发作时删除了系统文件，或者破坏了系统文件，使得以后无法正常启动计算机系统。通常容易受攻击的系统文件有 Command.com、Emm386.exe、Win.com、Kernel.exe、User.exe 等。

（7）文件目录发生混乱。

文件目录发生混乱有两种情况。一种是确实将目录结构破坏，将目录扇区作为普通扇区，填写一些无意义的数据，再也无法恢复。另一种是将真正的目录区转移到硬盘的其他扇区中，只要内存中存在有该计算机病毒，它能够将正确的目录扇区读出，并在应用程序需要访问该目录的时候提供正确的目录项，使得从表面上看来与正常情况没有两样。但是一旦内存中没有该计算机病毒，那么通常的目录访问方式将无法访问到原先的目录扇区。这种破坏还是能够被恢复的。

（8）文档丢失或被破坏。

类似系统文件的丢失或被破坏，有些计算机病毒在发作时会删除或破坏硬盘上的文档，造成数据丢失。还有些计算机病毒利用加密算法，将加密密钥保存在计算机病毒程序体内或其他隐蔽的地方，而被感染的文件被加密，如果内存中驻留有这种计算机病毒，那么在系统访问被感染的文件时它自动将文档解密，使得用户察觉不到。一旦这种计算机病毒被清除，那么被加密的文档就很难被恢复了。

（9）使部分可软件升级主板的 BIOS 程序混乱，主板被破坏。

类似 CIH 计算机病毒发作后的现象，系统主板上的 BIOS 被计算机病毒改写、破坏，使得系统主板无法正常工作，从而使计算机系统报废。

5. 木马的概念和分类

特洛伊木马（Trojan horse）是由古希腊传说典故演变而来的特有名词。在古希腊时期，希腊人远征特洛伊，在希腊人 9 年的围攻下特洛伊仍然坚固。在远征军围攻的第 10 年，希腊的著名将领奥德修斯想出了一个绝妙的计策，他命令工匠制作一个巨大的木马，将一部分精锐的士兵藏入木马腹中，然后将木马放在特洛伊城外假装退兵。特洛伊人被敌人撤退的假象所迷惑，将希腊人留下的木马作为战利品搬入城中。隐藏在巨型木马内部的士兵在夜色的掩盖下从木马中杀出，打开特洛伊城门，与早就埋伏在城外的希腊战士内外夹击攻下了城池。后来，人们常常引用"特洛伊木马"这一典故，来比喻在敌人城池内埋伏下伏兵内外合击。而在计算机领域，特洛伊木马（Trojan）是指一段具有特殊功能的恶意代码，这些代码通常是隐藏在正常程序中的。这些恶意代码会入侵用户的计算机，然后窃取用户信息，破坏用户系统，或把用户计算机当做跳板实现 DOS 攻击或者隐藏自身的一种后门程序。

常见的木马病毒可以分为以下八类：

（1）破坏型。

这种木马的作用非常简单，其唯一的功能就是破坏甚至删除文件。这种木马能删除被入侵主机上的指定类型的文件（如指定*.txt 文件），所以非常危险，一旦被感染就会严重威胁到主机信息的安全。不过除非有特殊的目的，一般黑客不会做这种无意义的纯粹破坏的事。

（2）密码盗取型。

这种木马可以通过某种方法寻找到被入侵主机隐藏的密码，并且在受害者不知道的情况下，把这些密码信息发送到指定的邮箱。Windows 系统有密码记忆功能，多数用户习惯使用此功能；还有人甚至将自己的各种密码以文本文件的形式存放在计算机中。这类木马就是利用用户的这一习惯获取被入侵主机的密码，这种木马大多数会在每次启动 Windows 时自动加载运行，并利用 E-mail 的形式将窃取的信息发送给黑客。

（3）远程访问型。

目前互联网中最常见、传播最广的一种木马，它可通过远程访问的方式读取被攻击者的硬盘。只要受害者运行了服务器端木马程序，通过端口扫描的方式，客户端可以知道服务器端的 IP 地址，这样客户端就能够实现远程控制。服务器端木马程序会在被入侵主机上打开一个端口，而且有些木马还可以设置连接密码、改变端口等。改变端口的选项非常重要，因为一些常见木马的监听端口已经为大家熟知，改变了端口，才会有更大的隐蔽性。

（4）键盘记录木马。

这种木马是通过记录键盘动作达到窃取密码信息的目的。Windows 系统中存在很多扩展名为 log 的文件，这些文件记录安装某软件的相关信息，同时也保存着登录密码信息。因此，键盘记录木马同样可以通过查询 log 文件获得用户密码信息。大多是键盘记录木马会有在线和离线两种模式，可以分别记录被入侵主机离线状态和在线状态下键盘敲击的按键情况，也就是说无论被入侵主机按过哪些按键，黑客都可以得到想要的信息，通过这些信息很容易得到密码、账号等有用信息。这种类型的木马大多都具有邮件发送功能，会自动将记录的信息发送到黑客指定的邮箱。

（5）DoS 攻击木马。

在当今的网络环境中，DoS 攻击越发频繁，DoS 攻击木马的传播也随之广泛起来。所谓的 DoS 攻击就是通过大量的无用请求，消耗带宽资源，使得正常的数据请求得不到及时的响应。DoS 攻击的关键就是大量无用的请求数据，而 DoS 木马就为不法分子提供了这样的工具。当在一台被入侵的主机植入 DoS 攻击木马后，这台被感染主机就会成为被人利用的肉鸡，当黑客通过远程控制使其控制的肉鸡同时向固定地址发送无用请求，就会造成极大的网络资源占用，达到 DoS 攻击的目的，可见随着黑客控制的肉鸡数量越多，发动 DoS 攻击取得成功的机率越高。因此，DoS 木马最主要威胁的并不是其植入的主机，而是被肉鸡所攻击的服务器或主机。这通常会给网络通信造成很大的伤害和损失。还有一种特别的针对邮件系统的 DoS 木马，主要的攻击对象是邮箱，通过生成并发送大量垃圾邮件的方式使得目标邮箱瘫痪，甚至无法接收邮件。

（6）FTP 木马。

这是一种有着悠久历史的木马程序，这种木马行为简单，即强制打开被入侵主机的 21 端口使其处于开启状态。这样黑客就能发起 FTP 连接请求，建立连接。这种木马还能够设置连接密码，这样只有知道连接密码的人能够成功开启 FTP 连接，达到独享被入侵主机的目的。

（7）代理木马。

入侵他人主机时，隐藏自身痕迹是十分必要的，黑客也会通过代理木马这种方式来防止暴露自身，当黑客给一个被入侵主机植入代理木马后，被植入木马的主机就会变成能够被人利用的一个跳板和肉鸡。通过代理木马，黑客能够在使用常见通信软件的同时隐藏自身的 IP 地址，从而达到隐蔽自己踪迹的目的。

（8）程序杀手木马。

上面所说的各种各样的木马，想要植入被入侵主机并发挥作用，还要避免被杀毒软件查杀。目前中国常见的防木马软件有 360、Norton、卡巴斯基等。而程序杀手木马就是专门关闭一些程序，尤其是杀毒软件的相关进程，这样就可以让其他的木马更好地发挥作用。

6. 木马的攻击技术

（1）配置木马。

一个木马程序要正确地运行，配置程序是不可或缺的。木马的配置程序主要具有以下两个功能。

①伪装木马：通过端口定制、文件捆绑、修改图标、自我清除等方法伪装真正的木马程序，使木马可以更好地隐藏在被入侵主机中。

②信息反馈：当黑客盗取用户信息后，需要将这些信息回传，而设置回传地址和回传方式就是通过配置程序来完成的。

（2）传播木马。

目前的网络环境中，木马的传播方式主要以下三种。

①通过邮件：这是最传统的一种传播方式，木马是以附件的形式通过 E-mail 发送并传播。通常邮件名称会具有一定的迷惑性，诱骗用户下载并运行其中附件，若用户防范意识不强而下载并运行附件后，木马就完成了传播目的。

②通过网站挂马：通过 SQL 注入、利用 0day 漏洞（系统商在知晓并发布相关补丁前就被掌握或者公开的漏洞信息）和数据库漏洞等方式，黑客可能取得一些网站的管理员账号，通过这些账号登录网站的后台系统，然后修改网站页面内容，向其中加入恶意代码。这样当用户登录了被改写的网站后，会自动下载并安装黑客挂载在网站上的木马程序。

③通过即时通信软件：目前的即时通信软件有着大量的用户群体，腾讯 QQ 的活跃用户数已达到 7 亿，此外还有 MSN、ICQ 等，已经成为网民不可缺少的应用程序。这些即时通信软件大都带有文件发送功能，这也为木马的传播提供了另一种有效的途径。目前网络中有相当一部分木马是通过此种途径快速传播的。

（3）伪装木马。

随着木马的危害越来越大，更多的用户会更加注意保护自己的计算机，这在一定程度上抑制了木马的传播速度。为了使木马传播得更加广泛和快速，因此各种各样的伪装方式相继出现，这些使得木马的存活时间大大加长。

①修改图标：这是最常见的一种伪装方式，主要是通过改换图标的方式迷惑用户。当用户收到一封含有 Word 文档附件的邮件时，这个 Word 文档附件很有可能是一个木马程序。很多木马程序可以将自身图标改为与较为常见的应用程序相同，如 TXT 文本文件、Word 文档等。这种修改图标的自我伪装形式非常普遍，且迷惑性较大，但这只是木马伪装自我的一个最初级方法。

②捆绑文件：所谓的文件捆绑，就是将木马程序同一些常用的合法程序进行捆绑，木马变成了合法程序的一部分，当用户运行被捆绑的合法程序时，木马会随着启动并安装，通常一些可执行文件会成为木马捆绑的目标。

③错误提示：大多数经历过木马威胁的用户都会知道，当用户双击一个文件后，文件没有被打开，而且没有任何响应，那么这个文件就极有可能是一个木马程序。木马的编写者也意识到可能出现的这一缺陷，为弥补这个缺陷，错误提示的方法就此产生。当打开木马程序时，会自动弹出一个伪造的错误提示框，提示的内容大多具有很强的迷惑性，例如"缺少必要文件!"，当受害者信以为真时，木马已经在系统中成功运行了。

④端口定制：大多数年代比较久远的木马程序在实行信息传输时所打开的端口都是固定的，这给判断程序是否为木马提供了可参考的依据。只要在主机中查询有哪些端口被打开，对应的查出开放这些端口的木马就可以了，为避免这一情况的发生，端口定制技术应运而生。计算机共有 65535 个端口，木马控制端程序会从 1024～65535 中随机选取一个端口，一般情况不会选择 1024 以下的端口，这样就不能通过端口判断所感染木马的类型。

⑤木马更名：通常情况下，木马在植入主机后其文件名称是固定不变的，因此，一些知名的木马程序的信息会被受害者记录并与其他用户共享木马名称信息，其他用户只要通过特定名称搜索系统，就能确定木马是否植入系统和植入的确定位置，这样就可以有效地查杀木马。为避免被轻易查杀，目前很多木马都允许入侵者自定义安装后的木马文件名称，这样就避免以上提到的情况了。

（4）运行木马。

当木马程序成功入侵被害者主机后，首先要进行自我安装。木马会将自身文件拷贝至特定的文件夹中，大多数木马会备份至 WINDOWS 的系统文件夹中（C:\WINDOWS 或 C:\WINDOWS\SYSTEM32 目录下），因为用户不会轻易修改或删除系统文件夹中的文件。然后木马程序修改系统的注册表、启动组等。

【思考与练习】

理论题

1．计算机病毒分为哪几类？
2．简述什么是特洛伊木马。

任务 2　宏病毒

【任务描述】

宏病毒依附在正常的 Word 文件上，利用 Word 文件执行其内部宏命令代码的方式，在 Word 文件打开或关闭时感染系统。宏病毒会造成文件的破坏，严重的会格式化硬盘。本次任务通过一个宏病毒的制作实例对其原理和运行机制进行分析。

【任务要求】

掌握宏病毒的概念和传播方法。

掌握宏病毒的防范方法。

【知识链接】

1．什么是宏

宏（macro）是软件设计者为了在使用软件工作时，避免一再地重复相同的动作而设计出来的一种工具。它利用简单的语法，把常用的动作写成宏，当再工作时，就可以直接利用事先写好的宏自动运行，去完成某项特定的任务，而不必再重复相同的动作。Microsoft Word 中对宏定义为："宏就是能组织到一起作为一独立的命令使用的一系列 Word 命令，它能使日常工作变得更容易。"宏语言即 Visual Basic for Application，简称 VBA。VBA 可以访问许多操作系统函数并支持文档打开时自动执行宏，这使得用这种语言写计算机病毒成为可能。

Office 自带了 Visual Basic 编辑器，查看宏代码可以单击"视图"→"宏"命令，调用 Visual Basic 编辑器的快捷键是 Alt + F11，查看宏的快捷键是 Alt + F8。Word 提供了两种创建宏的方法：宏录制器和 Visual Basic 编辑器。宏录制器可帮助用户创建宏，Word 在 VBA 编程语言中把宏录制为一系列的 Word 命令。可在 Visual Basic 编辑器中打开已录制的宏，修改其中的指令，也可用 Visual Basic 编辑器创建包括 Visual Basic 指令的非常灵活的宏。

2．什么是宏病毒

宏病毒是一种寄存在文档或模板的宏中的计算机病毒。一旦打开这样的文档，其中的宏自动被执行，于是宏病毒就会被激活，转移到计算机上，并驻留在 Normal 模板上。从此以后，所有自动保存的文档都会"感染"上这种宏病毒，而且如果其他用户打开了感染病毒的文档，宏病毒又会转移到他的计算机上。宏病毒在 20 世纪 90 年代得益于网络及电子邮件的发展而广泛传播。宏病毒主要感染文件有 Word、Excel 的文档，并且会驻留在系统内存上。因为这种病毒活动特征区别于其他计算机病毒，所以一般的杀毒软件不会报警，只有在用户打开及保存以上两种文档时感染文件。

3．宏病毒的表现

以 Word 为例，一旦病毒宏侵入 Word，它就会替代原有的正常宏，如 FileOpen、FileSave、FileSaveAs 和 FilePrint 等，并通过这些宏所关联的文件操作功能获取对文件交换的控制。当某项功能被调用时，相应的病毒宏就会篡夺控制权，实施病毒所定义的非法操作，包括传染操作、表现操作以及破坏操作等。宏病毒在感染一个文档时，首先要把文档转换成模板格式，然后把所有病毒宏（包括自动宏）复制到该文档中。被转换成模板格式后的染毒文件无法转存为任何其他格式。含有自动宏的宏病毒染毒文档，当被其他计算机的 Word 系统打开时，便会自动感染该计算机。例如，如果病毒捕获并修改了 FileOpen，它将感染每一个被打开的 Word 文件。目前，几乎所有已知的宏病毒都沿用了相同的作用机理，即如果 Word 系统在读取一个染毒文件时遭受感染，则其后所有新创建的 DOC 文件都会被感染。

4. 宏病毒的识别

并不是所有包含宏的文档都包含了宏病毒，但在打开"宏病毒防护功能"的情况下，当有下列情况之一时，可以断定 Office 文档或 Office 系统中有宏病毒。

（1）打开一个用户自己编写的文档时，系统会弹出相应的警告框。而用户清楚并没有在其中使用宏或并不知道宏到底怎么用，可以确定文档已经感染了宏病毒。

（2）Office 文档中一系列的文件都在打开时给出宏警告，然而一般情况下用户很少使用到宏，所以当看到很多的文档都有宏警告时，可以肯定这些文档中有宏病毒。

（3）如果杀毒软件中关于宏病毒防护选项启用后，一旦发现机器中设置的宏病毒防护功能选项无法在两次启动 Word 之间保持有效，则系统已经感染了宏病毒，此时一系列 Word 模板，特别是 Office 目录下的 normal.dot 已经被感染。

（4）宏病毒会对 Word、Excel 文档感染，造成无法正常打印、无法正常存储及改变存储路径、无法编辑文档等异常行为。不要在软件给予提示的情况下为了查看文档而选择运行不明来历的宏。

【实现方法】

1. 宏病毒的制作

（1）启动 Word 程序，创建一个新文档。在窗口菜单栏中选择"视图"→"宏"→"查看宏"命令，如图 5-1 所示。

图 5-1　查看宏

（2）在弹出的创建宏对话框中，将宏命名为 autoexec，自动运行的宏只能是 autoexec，如图 5-2 所示。

（3）在宏代码编辑器窗口中输入 VB 代码，调用系统的 CMD 程序，当然也可以是其他程序，如图 5-3 所示。

（4）关闭宏代码编辑窗口，将 Word 文档保存并关闭 Word 程序。

（5）重新打开刚才保存的 Word 文档，可以看到系统的 CMD 程序也被启动，如图 5-4 所示。

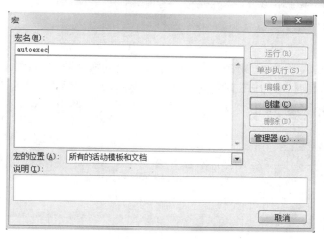

图 5-2　创建宏

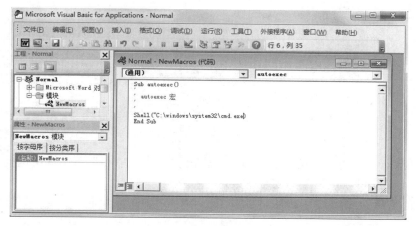

图 5-3　宏代码编辑器窗口

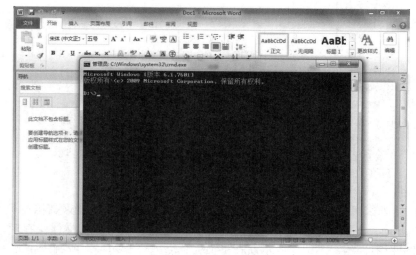

图 5-4　程序被自动启动

2. 宏病毒的防范

（1）设置宏的安全级别。

为了防止利用 VBA 语言编制专门破坏计算机系统的病毒程序，Office 自带了宏检测功能。设置宏的安全级别较高时，打开带有宏的文档时，会提示用户注意，并让用户自行选择是否启用宏。以 Word 2010 为例，单击"文件"→"选项"命令，打开"Word 选项"对话框，如图 5-5 所示。

图 5-5　"Word 选项"对话框

单击右下方的"信任中心设置"按钮，在弹出的"信任中心"对话框中选择"宏设置"，如图 5-6 所示，在此可以设置宏的安全等级。

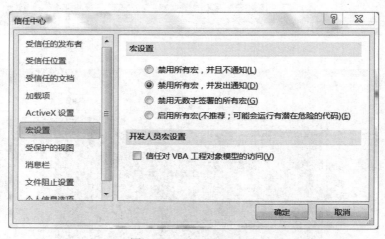

图 5-6　"宏设置"选项

（2）当使用外来可能有宏病毒的 Word 文档时，如果没有保留原来文档排版格式的必要，可先使用 Windows 自带的写字板来打开，将其转换为写字板格式的文件保存后，再用 Word 调用。因为写字板不调用、不记录、不保存任何宏，文档经此转换，所有附带其上的宏（包括宏病毒）都将丢失。

（3）针对宏病毒感染 Normal 模板的特点，用户在新安装了 Office 软件后，可打开一个新文档，将 Office 的工作环境按照自己的使用习惯进行设置，并将需要使用的宏一次编制好，做完后保存新文档。这时生成的 Normal 模板绝对没有宏病毒，可将其备份起来，亦可将其权限设为"只读"。在遇到有宏病毒感染时，用备份的 Normal 模板覆盖当前的 Normal 模板，可以起到消除宏病毒的作用。

（4）当怀疑系统带有宏病毒时，首先应检查是否存在可疑的宏，也就是一些用户没有编制过也不是 Office 默认提供而出现的宏，如一些稀奇古怪名字的宏、Auto***命名的自动宏，可直接删除。

（5）可以下载专业的宏病毒清除工具进行病毒清除。综合性的杀毒软件查找问题的能力比普通杀毒软件要强，但是并不一定能够把病毒清除干净，所以使用专业的宏病毒杀毒软件是查杀病毒关键的一步。在杀毒过程中不要选择自动处理，因为这很可能会把染毒文件直接删除。查找出来的染毒文件如果是重要文档，先用系统自带的写字板打开，保存内容后再清除病毒，确保重要文档不丢失。

（6）宏病毒寄存在文档当中，通过邮件及 U 盘拷贝等形式传播。收到不明来历的电子邮件后，马上删除。例如，邮件标题为人才调查、人才招聘、财务报表、公司计划等不明来历具有诱惑性的邮件。通过 U 盘拷贝的文档，先杀毒扫描初步确认后再打开。如遇到提示：是否选择运行宏时，一律选择不运行。不要在软件给予提示的情况下为了查看文档而选择运行不明来历的宏。

【思考与练习】

理论题

1．什么是宏病毒？它是如何感染计算机的？
2．如何防范宏病毒？

实训题

制作一个简单的宏病毒。

任务 3　脚本和网页病毒

【任务描述】

网页病毒就是网页中含有病毒脚本文件或 JAVA 小程序。当用户登录某些含有网页病毒的网站时，网页病毒就会被激活，对用户的计算机系统进行破坏。本次任务通过网页病毒的制作实例分析其运行机制，并对网页病毒进行防范和清除。

【任务要求】

了解脚本和网页病毒的概念。
掌握网页病毒的特点和攻击方式。
掌握网页病毒的防范和清除方法。

【知识链接】

1. 什么是脚本

脚本（Script）是使用一种特定的描述性语言，依据一定的格式编写的可执行文件，又称作批处理文件。脚本是批处理文件的延伸，是一种纯文本保存的程序。计算机脚本程序是确定的一系列控制计算机进行运算操作动作的组合，在其中可以实现一定的逻辑分支等。脚本简单地说就是一条条的文字命令，这些文字命令可以用记事本打开查看和编辑。脚本程序在执行时，是由系统的一个解释器将其一条条地翻译成机器可识别的指令，并按程序顺序执行。

脚本通常可以由应用程序临时调用并执行。各类脚本被广泛地应用于网页设计中，因为脚本不仅可以减小网页的规模和提高网页浏览速度，而且可以丰富网页的表现，如动画、声音等。例如，当单击网页上的 E-mail 地址时能自动调用 Outlook Express 或 Foxmail 这类邮箱软件，就是通过脚本功能来实现的。因为脚本的这些特点，往往被一些别有用心的人所利用。例如在脚本中加入一些破坏计算机系统的命令，这样当用户浏览网页时，一旦调用这类脚本，便会使用户的系统受到攻击。所以用户应根据对所访问网页的信任程度选择安全等级，特别是对于那些本身内容就非法的网页，更不要轻易允许使用脚本。

2. 什么是网页病毒

网页病毒是利用网页来进行破坏的病毒，它使用一些 Script 语言编写的恶意代码利用浏览器的漏洞来实现病毒植入。当用户登录某些含有网页病毒的网站时，网页病毒便被悄悄激活，这些病毒一旦激活，可以利用系统的一些资源进行破坏，轻则修改用户的注册表，使用户的首页、浏览器标题改变，重则可以关闭系统的功能，装上木马，染上病毒，使用户无法正常使用计算机系统，严重者则可以将用户的系统进行格式化。这种网页病毒容易编写和修改，使用户防不胜防。

3. 网页病毒的特点及攻击方式

目前的网页病毒都是利用 Java Script、ActiveX、WSH（Windows Scripting Host）共同合作来实现对客户端计算机进行本地的写操作，如改写注册表，在本地计算机硬盘上添加、删除、更改文件夹或文件等操作。网页病毒使得各种非法恶意程序能够得以被自动执行，在于它完全不受用户的控制。用户一旦浏览含有病毒的网页，就会在不知不觉的情况下马上中招，给系统带来不同程度的破坏。

网页病毒简单地说就是一个网页，但这个网页运行时所执行的操作不仅仅是下载后再读出，伴随着前者的操作背后，还有病毒程序的下载，或是木马的下载和执行，悄悄地修改注册表等。

网页病毒通常会有一个美好的网页名称，因为浏览者的好奇心或是无意识的点击，利用软件或系统操作平台等的安全漏洞，通过执行嵌入在网页 HTML 超文本标记语言内的 Java Applet 小应用程序、JavaScript 脚本语言程序、ActiveX 软件部件网络交互技术支持可自动执行的代码程序，以强行修改用户操作系统的注册表设置及系统实用配置程序，或非法控制系统资源、盗取用户文件，或恶意删除硬盘文件、格式化硬盘。

4. 网页病毒的种类

根据目前互联网上流行的常见网页病毒的作用对象及表现特征，归纳为以下两大种类：

（1）通过 JavaScript、Applet、ActiveX 编辑的脚本程序修改 IE 浏览器。

例如 IE 浏览器默认主页被修改、默认的 IE 搜索引擎被修改、IE 标题栏被添加非法信息、鼠标右键菜单被添加非法网站广告链接、鼠标右键弹出菜单功能被禁用、IE 收藏夹被强行添加非法网站的地址链接、在 IE 工具栏非法添加按钮、锁定地址下拉菜单及添加文字信息、IE 菜单"查看"下的"源文件"被禁用等。

（2）通过 JavaScript、Applet、ActiveX 编辑的脚本程序修改用户操作系统：

例如开机出现对话框、系统正常启动，但 IE 被锁定网址自动调用打开、格式化硬盘、非法读取或盗取用户文件、锁定禁用注册表、启动后首页被再次修改、更改"我的电脑"下的一系列文件夹名称等。

【实现方法】

1. 脚本文件的执行

（1）在 D 盘下新建文件夹，并在其中新建两个文本文件：创建.txt 和修改.txt。

"创建.txt"的内容如图 5-7 所示。

图 5-7　"创建.txt"的内容

此脚本执行后会在 C 盘下创建一个 test.htm 格式的文件。

修改.txt 的内容如图 5-8 所示。

图 5-8　"修改.txt"的内容

此脚本的执行主要是对文件 test.htm 内容的修改。

此时的 C 盘下并没有 test.htm 文件，如图 5-9 所示。

图 5-9　C 盘的文件

（2）修改"创建.txt"的文件格式为.htm，然后双击运行，如图 5-10 所示。

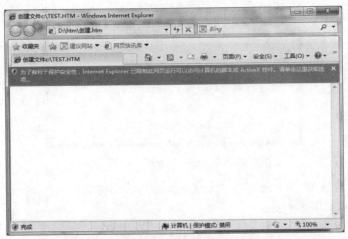

图 5-10　运行"创建.htm"文件

在此允许阻止的内容，如图 5-11 所示。

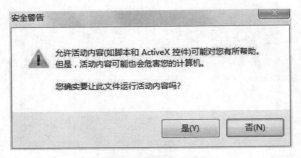

图 5-11　允许文件运行

（3）运行以后脚本执行完毕，重新查看 C 盘，发现在 C 盘下被新建了文件 test.htm，如图 5-12 所示。

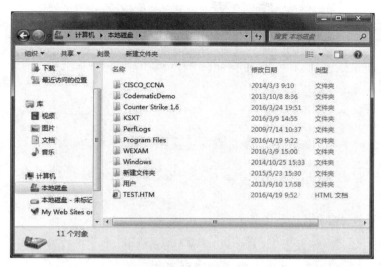

图 5-12　在 C 盘下新建了文件 test.htm

（4）将 C 盘下的"修改.txt"文件格式为.htm，然后双击运行，并允许阻止的内容，此脚本的执行会修改 C 盘下的 test.htm 文件，如图 5-13 所示。

图 5-13　"修改.htm"文件的运行

出现以上页面说明文件 test.htm 被修改成功。

2．网页病毒的防范

（1）自定义安全级别。在 IE 设置中将 ActiveX 插件和控件以及 Java 相关全部禁止掉也可以避免一些恶意代码的攻击。打开 IE 浏览器，选择"工具"→"Internet 选项"→"安全"→"自定义级别"，在"安全设置"对话框中，将其中所有的 ActiveX 插件和控件以及与 Java 相关的组件全部禁止即可，如图 5-14 所示。

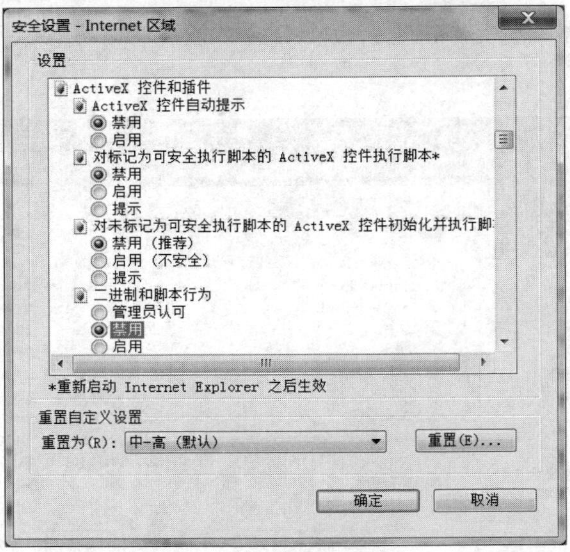

图 5-14　设置自定义级别

不过这样的设置会导致一些制作精美的网页无法欣赏。

（2）打开"我的电脑"窗口，选择"工具"→"文件夹选项"→"文件类型"，在文件类型中将后缀名为 VBS、VBE、JS、JSE、WSH、WSF 的所有针对脚本文件的操作均删除，这些文件就不会被执行了。

（3）及时升级系统和 IE 浏览器并打补丁。选择一款好的防病毒软件并做好及时升级，不要轻易地去浏览一些来历不明的网站。

【思考与练习】

理论题

1．什么是脚本和网页病毒？
2．如何防范网页病毒？

实训题

制作一个简单的网页病毒。

任务 4　冰河木马

【任务描述】

木马程序是目前比较流行的病毒文件，与一般的病毒不同，它不会自我繁殖，也并不刻意地去感染其他文件，而是通过将自身伪装吸引用户下载执行，向攻击者提供打开被种木马者计算机的门户，使攻击者可以任意毁坏、窃取被种木马者的文件，甚至远程操控被种者的计算机。木马与计算机网络中常常要用到的远程控制软件有些相似，但远程控制软件是善意的控制，因此通常不具有隐蔽性，木马则完全相反，木马要达到的是偷窃性的远程控制。本次任务将详细说明冰河木马的配置和使用，并介绍植入冰河木马的计算机如何彻底清除木马。

【任务要求】

了解木马的工作原理。

掌握冰河木马的配置和使用。

掌握冰河木马的卸载方法。

【知识链接】

1. 木马的工作原理

木马通常有两个可执行程序：一个是客户端，即控制端，另一个是服务器端，即被控制端。植入被种者计算机的是服务器端部分，而攻击者正是利用控制端进入运行了服务器端的计算机。运行了木马程序的服务器端以后，被种者的计算机就会有一个或几个端口被打开，使攻击者可以利用这些打开的端口进入计算机，安全和个人隐私也就全无保障。木马的设计者为了防止木马被发现，而采用多种手段隐藏木马。木马的服务器端一旦运行并被控制端连接，其控制端将享有服务器端的大部分操作权限，例如给计算机增加口令，浏览、移动、复制、删除文件，修改注册表，更改计算机配置等。

2. 木马的连接方式

第一代和第二代木马使用的是传统连接方式，即 C/S 方式，由肉鸡打开端口等待外部连接，当攻击者需要与肉鸡建立连接时，向肉鸡发送一个连接请求，从而建立连接。由于防火墙技术的趋于成熟，会阻挡从外部来的连接请求，第一、二代木马渐渐退出了历史舞台。第三代木马采用反弹端口技术，由肉鸡主动连接攻击者，攻击者打开端口，等待肉鸡主动连接。防火墙都会阻拦从外面对内部发起的连接，但不拦截对从内向外发出的连接请求，因为防火墙认为内部的连接请求是正常连接。第四代木马在采用反弹端口技术的同时，还采用了"线程插入"技术，这种技术把木马程序作为一个线程，把自身插入其他应用程序的地址空间。系统运行时会有很多进程，每个进程有很多线程，这就增加了木马查杀的难度，木马的攻击性和隐蔽性大大增强，第四代木马代表了当今木马的发展趋势。

【实现方法】

1. 冰河木马的使用

（1）冰河木马有两个应用程序，server.exe 是服务器端程序，是木马受控端程序，将该程序放入受控者的计算机中，然后双击该程序运行。client.exe 是木马的客户端程序，是木马的控制端程序。在控制端计算机中双击 client.exe，打开冰河木马的客户端程序，其主界面如图 5-15 所示。

在该界面的"访问口令"框中输入访问密码，这样可以保证自己的肉鸡不被别人窃取，然后单击"应用"按钮。

（2）单击"设置"→"配置服务器程序"命令，在弹出的"服务器配置"对话框中对木马文件进行配置，如图 5-16 所示。

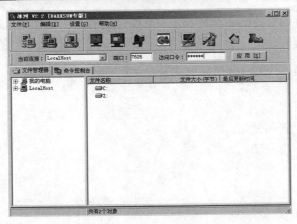

图 5-15　打开木马的客户端

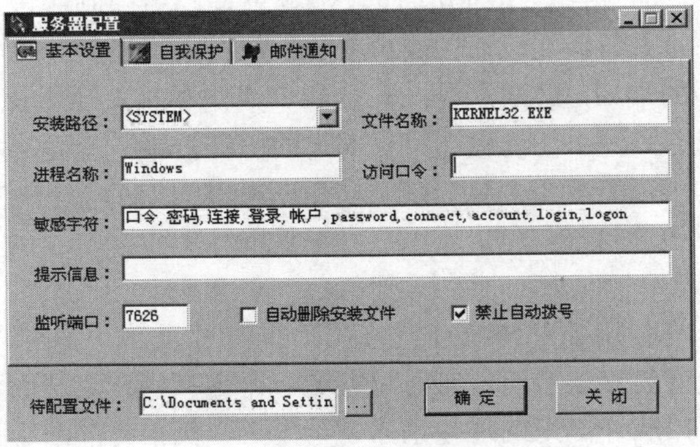

图 5-16　各项基础配置

　　在"服务器配置"对话框的"待配置文件"选项中设置，单击"…"按钮，在打开的对话框中选择待配置文件，待配置文件就是冰河木马服务器端文件本身，在此选择服务器端文件 server.exe，然后在"访问口令"框中输入密码。

　　（3）单击"自我保护"选项卡，对话框如图 5-17 所示。勾选"写入注册表启动项"复选框，以达到木马文件的自启动。可以设置木马和 TXT 文件进行关联，达到自启动的目的。

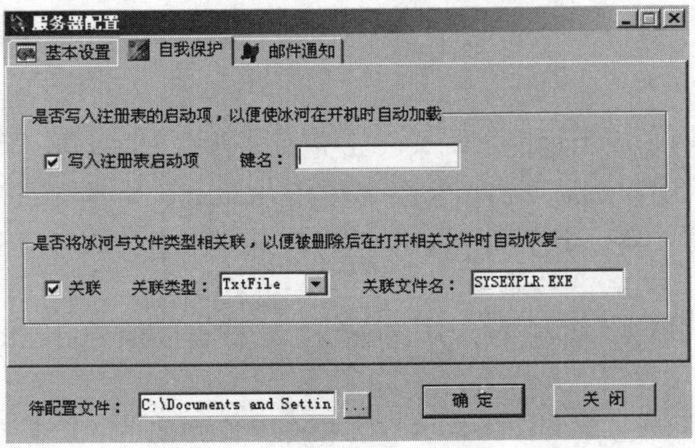

图 5-17　自我保护配置

（4）单击"邮件通知"选项卡，对话框如图 5-18 所示。冰河木马是正向连接木马，要知道远程肉鸡的 IP 地址，在此对话框可以填写 SMTP 服务器和自己的邮箱地址，只要肉鸡的 IP 地址发生变动，会自动把肉鸡新的 IP 地址发送到控制者的邮箱中。最后单击"确定"按钮，完成服务器配置。

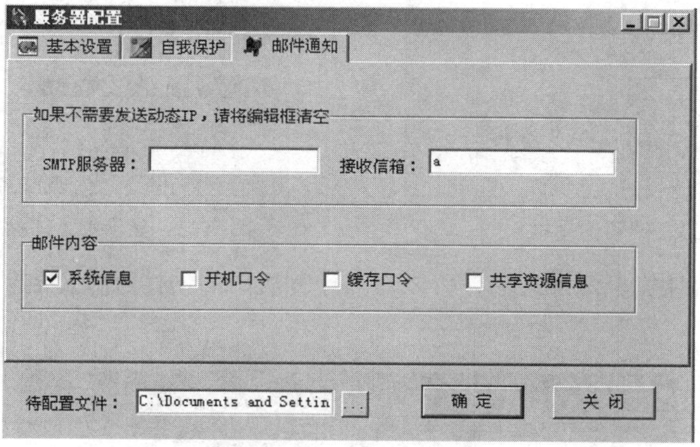

图 5-18　邮件通知配置

（5）在控制端计算机程序中添加被控端计算机，选择"文件"→"添加主机"命令，在弹出的"添加计算机"对话框中输入被控端计算机的 IP 地址和监听端口，因为刚才在配置服务器端时没有修改默认的端口信息，在此监听端口可以使用默认值，如果设置了访问口令，在此需填写，如图 5-19 所示。

被控端计算机添加成功之后，可以浏览被控端计算机的文件系统。界面如图 5-20 所示。

图 5-19　输入被控端计算机 IP 地址

图 5-20　浏览被控端计算机文件

（6）也可以采用自动搜索的方式添加被控端计算机，单击"文件"→"自动搜索"命令，打开"搜索计算机"对话框，如图 5-21 所示，在"起始域"框中输入要搜索的 IP 地址范围，开始搜索。搜索结束时，可以发现在"搜索结果"栏中 IP 地址为 192.168.191.131 的左侧的状态为 OK，表示搜索到 IP 地址为 192.168.191.131 的计算机中了冰河木马，而且客户端程序已自动将其添加，如图 5-22 所示。

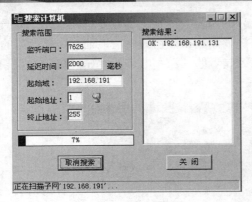

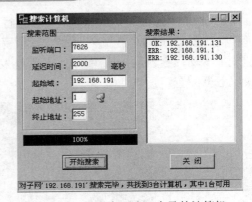

图 5-21　搜索计算机　　　　　　　图 5-22　显示中了冰河木马的计算机

（7）将被控端计算机添加之后，可以对其计算机中的文件进行复制粘贴操作，如图 5-23 和图 5-24 所示。

图 5-23　复制被控端计算机的文件

图 5-24　粘贴文件

　　此时，在受控端计算机中查看，发现相应的文件夹中多了一个刚通过客户端程序复制的文件，如图 5-25 所示。

图 5-25　在被控端计算机中查看刚复制的文件

　　（8）下面将在控制端计算机上看到被控端计算机的屏幕。单击"文件"→"捕获屏幕"命令，如图 5-26 所示。在弹出的"图像参数设定"对话框中设置图像品质，然后单击"确定"按钮，如图 5-27 所示。这时在屏幕的左上角出现一个窗口，该窗口的图像就是被控端计算机的屏幕，如图 5-28 所示。如果将被控端计算机的屏幕全屏显示，可以最大化屏幕，效果如图5-29 和图 5-30 所示。

图 5-26　捕获屏幕

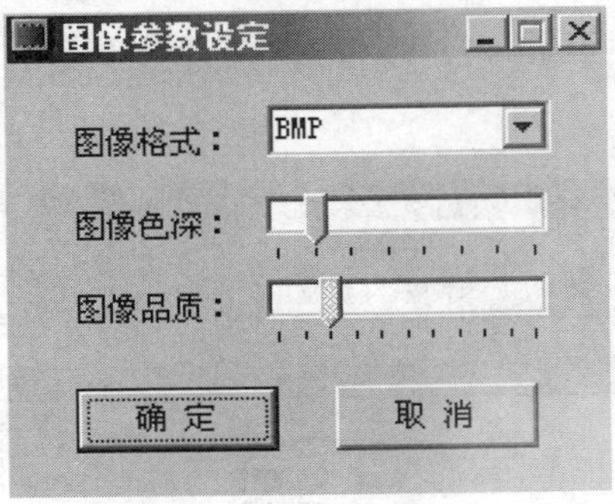

图 5-27　图像参数设定

图 5-28　显示被控端计算机的屏幕

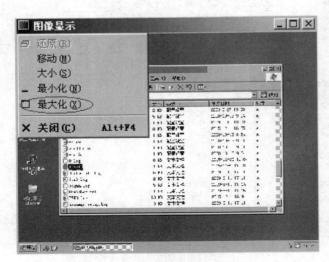

图 5-29　最大化被控端屏幕

图 5-30　全屏显示的被控端屏幕

　　在被控端计算机上进行验证，发现捕获的被控端计算机屏幕和被控端屏幕完全吻合，如图 5-31 所示。

图 5-31　捕获的屏幕和被控端计算机屏幕完全一致

　　（9）可以通过屏幕对被控端计算机进行控制，单击"文件"→"屏幕控制"命令，如图 5-32 所示。然后将出现的被控端窗口最大化，如图 5-33 所示。对被控端计算机进行控制，可以发现操作被控端计算机就像是在本地机上进行操作一样。如图 5-34 所示是在被控端计算机的屏幕上修改一个文档，然后在被控端计算机的本地机屏幕上看到一样的画面，如图 5-35 所示。

　　（10）可以通过冰河信使功能和服务器方传递信息。单击"文件"→"冰河信使"命令，弹出"冰河信使"对话框，输入消息之后单击"发送"按钮，如图 5-36 所示，然后在被控端计算机的屏幕上出现了如图 5-37 所示的窗口。

图 5-32　捕获的屏幕和被控端计算机屏幕完全一致

图 5-33　对被控端计算机进行屏幕控制

图 5-34　对被控端计算机进行文档的修改

图 5-35　被控端计算机屏幕

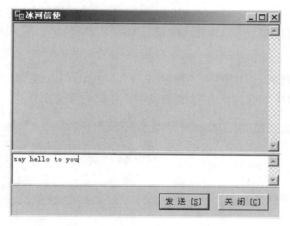

图 5-36　"冰河信使"对话框

图 5-37　被控端计算机上出现的"信使服务"对话框

（11）进入"命令控制台"页面，可以获取被控端计算机的进程信息，并且可以终止其进程，如图 5-38 所示。

图 5-38　对被控端计算机的进程控制

（12）冰河木马提供了强大的"注册表读写"功能，可以读取、写入和重命名注册表的键值。进入"命令控制台"页面，在左侧列表中选中"注册表读写"，如图 5-39 所示。

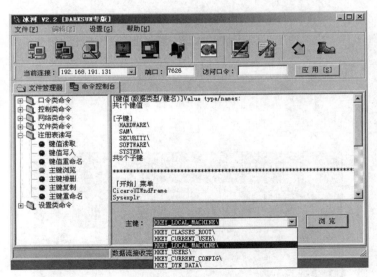

图 5-39　主键浏览

2．冰河木马的清除

清除冰河木马可以使用手动方式，也可以使用专门的工具清除，下面将介绍手工清除冰河木马的方法。

（1）首先进入系统的 WINDWOS 目录，单击资源管理器中的"搜索"按钮，在"要搜索的文件或文件夹名为"文本框中输入 kernel32.exe 和 sysexplr.exe，如图 5-40 和图 5-41 所示。

图 5-40　查找木马文件 kernel32.exe

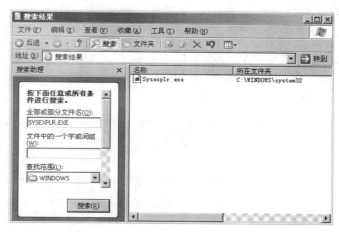

图 5-41　查找木马文件 sysexplr.exe

　　找到木马文件后，可以使用专门的文件删除工具将这两个文件彻底删除。

　　（2）为了确保冰河木马在删除后不会重新运行，要删除注册表下的冰河木马启动键。找到 Run 键下的冰河木马启动键，在其右键的快捷菜单中选择"删除"命令，如图 5-42 所示。

图 5-42　删除启动项

（3）删除了 Run 键下的冰河木马启动键后，还要删除 RunServices 键下的冰河木马启动路径。找到 RunServices 键下的启动路径，用同样的方法删除。如图 5-43 所示。

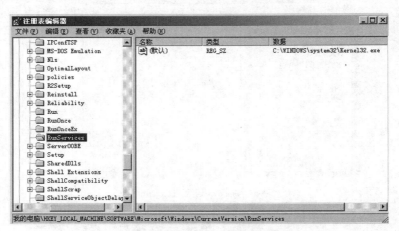

图 5-43　删除 RunServices 启动项

（4）如果冰河木马修改了 TXT 文件管理，还要还原 TXT 文件关联。找到 Command 键下的默认项目路径，在右键快捷菜单中选择"修改"命令，在弹出的对话框中把木马路径修改为 C:\WINDOWS\notepad.exe %1，即可恢复 TXT 文件关联，如图 5-44 和图 5-45 所示。

图 5-44　Command 键下的默认项目路径

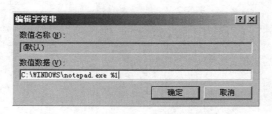

图 5-45　修改启动关联

（5）冰河木马是早期的木马，其隐藏方法并不高明，可以直接删除。在 WINDOWS 目录下找到木马文件并右击，在弹出的快捷菜单中选择"删除"命令，如图 5-46 所示。

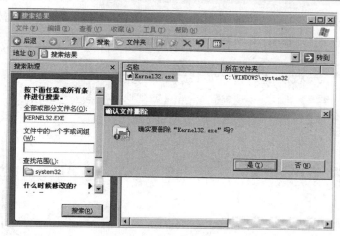

图 5-46　删除木马文件

若弹出"无法删除"对话框，可以使用专门的工具删除。从网上下载并删除 yeppnmav 工具，如图 5-47 所示。单击左下角的"添加待删文件"按钮，在弹出的对话框中输入木马文件名 kernel32.exe，如图 5-48 所示。

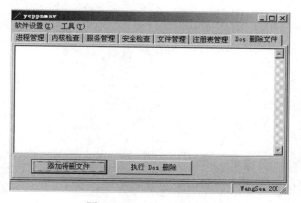

图 5-47　yeppnmav 工具

图 5-48　选择待删文件

（6）yeppnmav 工具的主界面如图 5-49 所示，单击下方的"执行 Dos 删除"按钮，之后即可删除木马文件。重新启动计算机后，冰河木马就被彻底删除了。

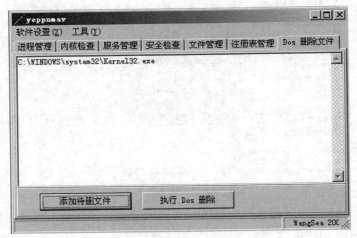

图 5-49　删除木马文件

【思考与练习】

理论题

1．木马有哪些危害？
2．如何预防木马？

实训题

1．使用冰河木马控制计算机。
2．在中了冰河木马的计算机上彻底清除冰河木马。

任务 5　使用自解压文件携带木马

【任务描述】

　　利用 WinRAR 捆绑木马是伪装隐藏木马的方法之一。把木马和另一个可执行文件放在同一个文件夹中，利用 WinRAR 将其制作成 exe 格式的自释放文件，当双击这个自释放文件时，就会在启动可执行文件的同时运行木马文件，这样就达到了种植木马的目的。本次任务将通过一个实例实现这种木马的捆绑。

【任务要求】

　　掌握自解压文件捆绑木马的方法。
　　掌握防范 WinRAR 捆绑木马的方法。

【实现方法】

1. 利用自解压文件捆绑木马

（1）将一个木马文件 2016.exe 和一个 Flash 动画 2016.swf 放在同一个目录下，同时选中这两个文件后右击，在弹出的快捷菜单中单击"添加到压缩文件"命令，出现如图 5-50 所示的对话框。

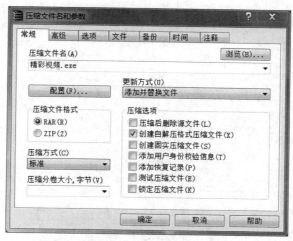

图 5-50　制作自解压文件

（2）在"压缩文件名"栏中输入任意一个文件名，例如"精彩视频.exe"，名字要能吸引别人点击，需要注意的是文件扩展名一定要改为.exe，因为默认情况下的文件扩展名是.rar。将"压缩选项"栏中"创建自解压格式压缩文件"复选框选上，否则，无法创建文件。

（3）单击"高级"选项卡，如图 5-51 所示。

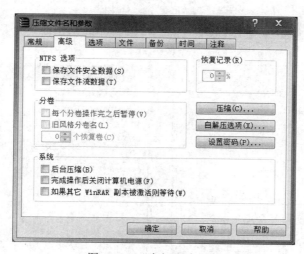

图 5-51　"高级"选项卡

然后单击"自解压选项"按钮，弹出如图 5-52 所示的"高级自解压选项"对话框。在"解压后运行"文本框中输入捆绑的木马文件的名字，也就是要在解压文件的同时运行的木马文件。

（4）单击"模式"选项卡，如图 5-53 所示。

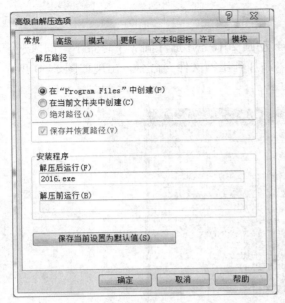

图 5-52　"高级自解压选项"对话框

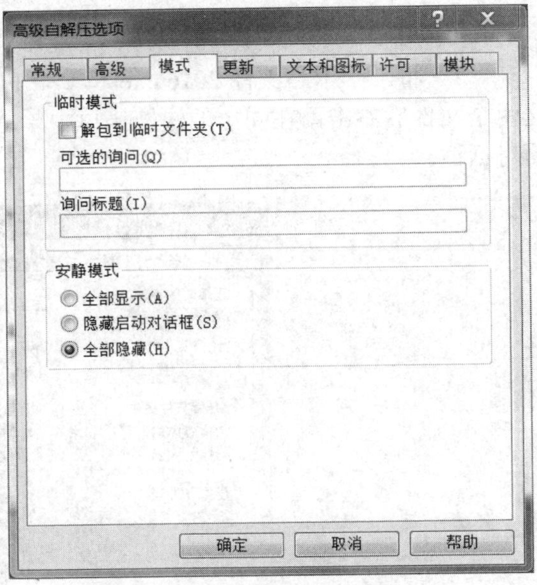

图 5-53　"模式"选项卡

在该选项卡中，选中"全部隐藏"选项，这样不易被人发现。

（5）单击"文本和图标"选项卡，如图 5-54 所示。在"自解压文件窗口标题"和"自解压文件窗口中显示的文本"栏中输入想要显示的内容，而且可以自定义自解压文件徽标和图标，将其改为大家熟悉的一些软件的图标，使其更具有欺骗性。

（6）设置完成之后单击"确定"按钮，回到"压缩文件名和参数"对话框，单击"注释"选项卡，如图 5-55 所示。

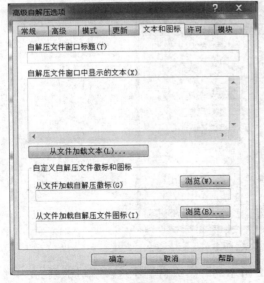

图 5-54　"文本和图标"选项卡

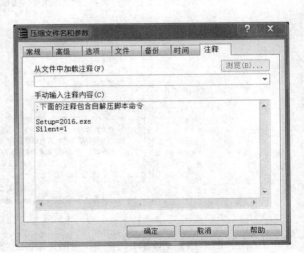

图 5-55　"注释"选项卡

注释内容是 WinRAR 根据前面的设定自动加入的内容，如果熟悉自解压脚本命令，也可以自己手动输入注释内容。例如 Setup=2016.exe 表示释放后自动运行木马文件 2016.exe，Silent=1 表示将文件全部隐藏；Overwrite=1 表示自解压里的文件会覆盖解压目录里的同名文件，即强制替换覆盖文件。

这样，单击图 5-55 的"确定"按钮之后，就会生成一个名为"精彩视频.exe"的自解压文件。只要双击该文件，就会打开 2016.swf 这个动画文件，在这个 Flash 文件播放的同时，木马程序已经悄悄地运行了。

2. 自解压木马的防范

（1）自解压木马容易被人工识破。右键单击 WinRAR 自解压文件，在弹出的菜单中选择"属性"命令，在打开的"属性"对话框中比普通的 EXE 文件或 RAR 文件多了"注释"标签，观察其中的注释内容，可以发现里面包含的文件，以此来识别是否用 WinRAR 捆绑了文件，如图 5-56 所示。

（2）遇到自解压文件不要直接运行，在其右键的快捷菜单中单击"用 WinRAR 打开"命令，弹出如图 5-57 所示的窗口，可以直接查看压缩的具体文件。

图 5-56　"属性"对话框

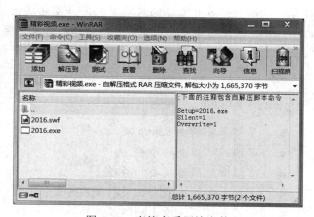

图 5-57　直接查看压缩文件

【思考与练习】

理论题

一个正常的自解压文件和捆绑了木马的自解压文件有什么区别？

实训题

利用自解压文件捆绑木马程序。

6

网络攻击与防范

 项目导读

    Internet 在为人们带来便利的同时，也为计算机病毒和计算机犯罪提供了土壤，对于系统、网络协议及数据库等，无论是其自身的设计缺陷，还是由于人为的因素产生的各种安全漏洞，都有可能被一些另有图谋的黑客所利用并发起攻击，因此建立有效的网络安全防范体系就更为迫切。若要保证网络安全、可靠，则必须熟知黑客网络攻击的一般过程。只有这样方可在黑客攻击前做好必要的防备，从而确保网络运行的安全和可靠。

 教学目标

- 了解黑客的由来和发展。
- 了解网络攻击的步骤。
- 掌握常见网络攻击的原理。
- 掌握常用网络攻击工具的使用方法。
- 掌握一般网络攻击的防范方法。

任务1　网络主机信息搜集

【任务描述】

    网络攻击者首先要寻找目标主机并分析主机。只要利用域名和 IP 地址就可以顺利地找到目标主机，但知道要攻击的位置还是远远不够的，还必须将主机的操作系统的类型及其所提供的服务资料做个全面的了解。此时，攻击者会利用一些扫描工具，获取目标主机运行的是哪种操作系统的哪个版本，系统有哪些账户，WWW、FTP、TELNET、SMTP 等服务程序是何种版本等资料，为入侵做好准备。

【任务要求】

了解黑客的由来。

掌握常见网络攻击的分类和目的。

掌握网络主机信息搜集的方法。

【知识链接】

1. 黑客的由来

"黑客"一词是英文 Hacker 的音译。这个词早在莎士比亚时代就已存在了，但是人们直到 25 年前才第一次将它与计算机联系在一起。报刊杂志第一次使用"黑客"一词是在 1976 年，当时它被用来指代"技术通常十分高超的强有力的计算机程序号"。但是根据《牛津英语词典》解释，"hack"一词最早的意思是劈砍，这个词意很容易使人联想到计算机遭到别人的非法入侵，因此《牛津英语词典》解释"Hacker"一词涉及到计算机的项是："利用自己在计算机方面的技术，设法在未经授权的情况下访问计算机文件或网络的人。"

随着因特网的日益普及，网站被袭击现象的频繁发生，造成的危害越来越严重，人们对"黑客"的上述解释也开始不满意起来。近来又有这样的解释："黑客"指代用大量的请求登录的信息淹没重要的网站并使之关闭的人。但这种解释并未涉及任何电子手段的非法入侵，网站信息的安全并未受到威胁，也没有任何"劈砍"意义上的剽窃行为。现在，有关电脑专家的解释是"黑客"的真正含义应该是指那些利用计算机程序编制技术给电脑网站制造麻烦且危害网络安全的人。

2. 网络攻击的分类

当前网络攻击的方法没有规范的分类模式，方法的运用往往非常灵活。从攻击的目的来看，可以有拒绝服务攻击（Dos）、获取系统权限的攻击、获取敏感信息的攻击；从攻击的切入点来看，有缓冲区溢出攻击、系统设置漏洞的攻击等；从攻击的纵向实施过程来看，又有获取初级权限攻击、提升最高权限的攻击、后门攻击、跳板攻击等；从攻击的类型来看，包括对各种操作系统的攻击、对网络设备的攻击、对特定应用系统的攻击等。

3. 访问类攻击

访问类攻击指的是攻击者在获得或者拥有访问主机、网络的权限后，肆意滥用这些权限进行信息篡改、信息盗取等攻击行为。常见三种访问类攻击行为：口令攻击、端口重定向、中间人攻击。

（1）攻击者攻击目标时常常把破译用户的口令作为攻击的开始，只要攻击者能猜测或者确定用户的口令，就能获得机器或者网络的访问权，并能访问到用户能访问到的任何资源，如果这个用户有域管理员或 root 用户权限，这是极其危险的。口令攻击的原理是先得到该主机上的某个合法用户的账号，然后再进行合法用户口令的破译。

获得普通用户账号的方法很多，例如：

①利用目标主机的 Finger 功能：当用 Finger 命令查询时，主机系统会将保存的用户资料显示在终端或计算机上。

②从电子邮件地址中收集：有些用户电子邮件地址会透露其在目标主机上的账号，很多系统会使用一些习惯性的账号，造成账号的泄露。

获取用户口令有三种方法：

①利用网络监听非法得到用户口令。当前，很多协议根本就没有采用任何加密或身份认证技术，如在 Telnet、FTP、HTTP、SMTP 等传输协议中，用户账户和密码信息都是以明文格式传输的，攻击者利用数据包截取工具便可很容易地收集到账户和密码。

②在知道用户账号后，利用一些专门软件强行破解用户口令。例如，攻击者采用字典穷举法来破解用户的密码，这个破译过程完全可以由计算机程序来自动完成，因而几个小时就可以把上万条记录的字典里所有单词都尝试一遍。

③利用系统管理员的失误。在 UNIX 操作系统中，用户的基本信息存放在 password 文件中，而所有的口令经过 DES 加密方法加密后专门存放在一个叫 shadow 的文件中。攻击者获取口令文件后，就会使用专门的破解 DES 加密法的程序来解口令。

（2）端口重定向指的是攻击者对指定端口进行监听，把发给这个端口的数据包转发到指定的第二目标。一旦攻陷了某个关键的目标系统，比如防火墙，攻击者就可以使用端口重定向技术把数据包转发到一个指定地点去，这种攻击的潜在威胁非常大，能让攻击者访问到防火墙后面的任何一个系统。

（3）中间人攻击是一种"间接"的入侵攻击，这种攻击模式是通过各种技术手段将受入侵者控制的一台计算机虚拟放置在网络连接中的两台通信计算机之间，而这台计算机就称为"中间人"，然后入侵者把这台计算机模拟成一台或两台原始计算机，使"中间人"能够与原始计算机建立活动连接，并允许其读取或修改传递的信息，两个原始计算机用户却认为他们是在互相通信。通常，这种"拦截数据—修改数据—发送数据"的过程就被称为"会话劫持"。通过中间人攻击，攻击者可以实现信息篡改、信息盗取等目的。

4. Web 攻击

Web 这种应用的可操作性很大，用户使用的自由度也很高，同时，此应用也非常脆弱，遭遇的攻击也非常普遍。当攻击者在 Web 站点或应用程序后端攻击目标时，通常出于以下两个目的之一：阻碍合法用户对站点的访问，或者降低站点的可靠性。而当前较"流行"和威胁排名靠前的攻击方式包括：SQL 注入式攻击、跨站脚本攻击、CC 攻击、Script/ActiveX 攻击以及 DDos 攻击。DDoS 攻击会在后面有专门讲述。

5. 拒绝服务攻击

拒绝服务攻击即攻击者想办法让目标机器停止提供服务或资源访问。这些资源包括磁盘空间、内存、进程甚至网络带宽，从而阻止正常用户的访问。对网络带宽进行的消耗性攻击只是拒绝服务攻击的一部分，只要能够对目标造成麻烦，使某些服务被暂停甚至主机死机，都属于拒绝服务攻击。拒绝服务类攻击有两种形式：带宽消耗型以及资源消耗型，它们都是通过大量合法或伪造的请求占用大量网络以及器材资源，以达到瘫痪网络以及系统的目的。带宽消耗型攻击有 UDP 洪水攻击（UDP Flood）、ICMP 洪水攻击（ICMP Flood）、死亡之 ping（Ping of Death）、Smurf 攻击、泪滴攻击（tear drop）等。资源消耗型攻击有 SYN 洪水攻击（SYN Flood）、LAND 攻击、IP 欺骗攻击等。

6. 病毒类攻击

计算机病毒是一种在用户不知情或未批准下，能自我复制或运行的计算机程序，该类攻击往往会影响受感染计算机的正常运作。病毒类型根据中国国家计算机病毒应急处理中心发表的报告统计，占近 45% 的病毒是木马程序，蠕虫占病毒总数的 25% 以上，占 15% 以上的是文档型病毒（例如宏病毒），还有其他类型比较少见的病毒类型。

7. 溢出类攻击

缓冲区溢出（又称堆栈溢出）攻击是最常用的黑客技术之一，这种攻击之所以泛滥，是由于开放源代码程序的本质决定的。UNIX 本身以及其上的许多应用程序都是用 C 语言编写的，而 C 语言不检查缓冲区的边界。在某些情况下，如果用户输入的数据长度超过应用程序给定的缓冲区，就会覆盖其他数据区，这就称作"缓冲区溢出"。

对缓冲区溢出漏洞攻击，可以导致程序运行失败、系统崩溃以及重新启动等后果。更为严重的是，可以利用缓冲区溢出执行非授权指令，甚至取得系统特权，进而进行各种非法操作。

要防止此类攻击，可以在开放程序时仔细检查溢出情况，不允许数据溢出缓冲区，经常检查操作系统和应用程序提供商的站点，一旦发现补丁程序就马上下载是最好的方法。

【实现方法】

1. 刺探网络主机 IP 地址和地理位置

（1）ping 命令。

通常，在命令提示符窗口中输入 ping www.hao123.com，回车后命令提示符马上回显，可以看到 www.hao123.com 这个网站的 IP 地址为 61.135.162.10。这样可以获得目标主机的 IP 地址，就可以探测这个网站开放的端口和服务，以及可能存在的漏洞，然后开展渗透和入侵，如图 6-1 所示。

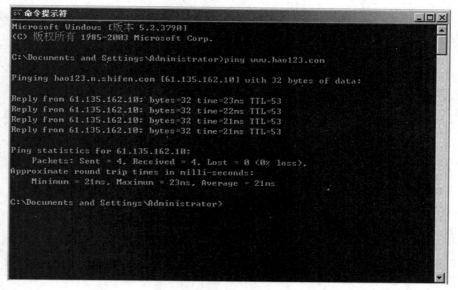

图 6-1　ping 命令

（2）nslookup 命令。

在命令提示符窗口中输入 nslookup www.hao123.com，回车后命令提示符马上回显，可以看到域名查询结果。Addresses 后面列出的就是 www.hao123.com 所使用的 Web 服务器群里的 IP，如图 6-2 所示。

图 6-2 nslookup 命令

2. 网站信息搜集

（1）由 IP 地址得到目标主机的地理位置。

IP 地址的分配是全球统一管理的，可以通过查询有关机构的 IP 地址数据库得到该 IP 所对应的地理位置。例如，查询 61.135.162.10（www.hao123.com 的 IP）的物理地址，打开如图 6-3 所示的网站，在"IP 地址或者域名"文本框输入 61.135.162.10，单击"查询"按钮，得到查询结果。

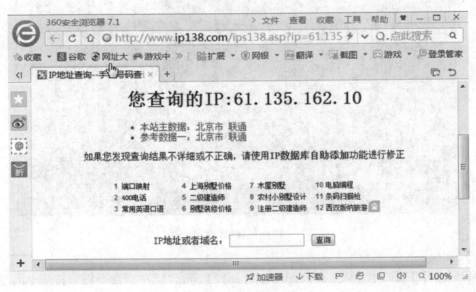

图 6-3 查询 IP 的物理地址

（2）域名信息和相关的申请信息。

网站在正式发布之前，需要向有关机构申请域名。域名信息和相关的申请信息存储在管理机构的数据库中，从中包含了一定的敏感信息，如注册人的姓名、注册人的邮箱、联系电话、注册机构、通信地址等。中国互联网络信息中心（http://www.cnnic.com.cn）记录着所有以 cn 为结尾的域名注册信息，网站的查询页面如图 6-4 所示。

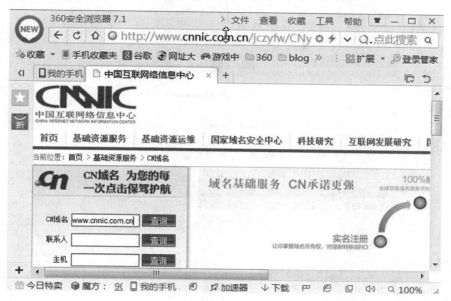

图 6-4　中国互联网络信息中心查询页面

查询结果如图 6-5 所示。

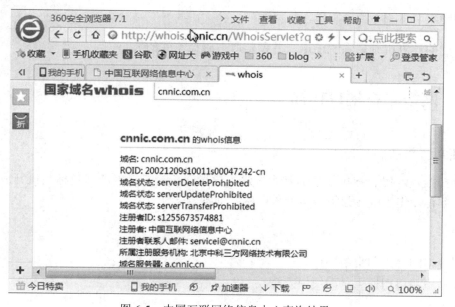

图 6-5　中国互联网络信息中心查询结果

中国万网不仅提供.cn 的域名注册信息，还有.net、.com 等注册信息。其查询界面如图 6-6 所示。

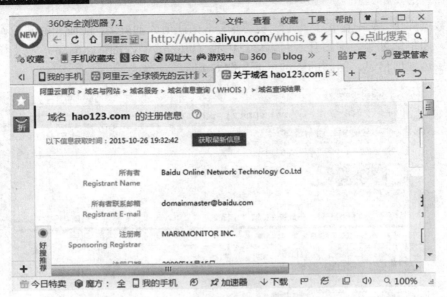

图 6-6　中国万网查询结果

【思考与练习】

理论题

常见的网络攻击有哪些？各有什么特点？

实训题

为自己的计算机开启系统还原，并调整所占磁盘空间的大小。

任务 2　网络主机端口扫描

【任务描述】

端口扫描是入侵者搜集信息的常用方法，通过端口扫描能判断出目标主机开放了哪些服务、运行哪种操作系统，为下一步的入侵做好准备。

【任务要求】

掌握端口的含义和常用端口。
掌握常用端口扫描工具的使用方法。

【知识链接】

1. 什么是端口

端口（Port）有两种意思：一是物理意义上的端口，ADSL Modem、集线器、交换机、路由器用于连接其他网络设备的接口，如 RJ-45 端口、SC 端口等。二是逻辑意义上的端口，一般指 TCP/IP 协议中的端口，端口号的范围从 0 到 65535，比如用于浏览网页服务的 80 端口，用于 FTP 服务的 21 端口等。这里要介绍的就是逻辑意义上的端口。

2. 端口类型

（1）按端口号分布划分。

①知名端口（Well-Known Ports）。知名端口即众所周知的端口号，范围从 0 到 1023，这些端口号一般固定分配给一些服务。比如 21 端口分配给 FTP 服务，25 端口分配给 SMTP（简单邮件传输协议）服务，80 端口分配给 HTTP 服务，135 端口分配给 RPC（远程过程调用）服务等。

②动态端口（Dynamic Ports）。动态端口的范围从 1024 到 65535，这些端口号一般不固定分配给某个服务，也就是说许多服务都可以使用这些端口。只要运行的程序向系统提出访问网络的申请，那么系统就可以从这些端口号中分配一个供该程序使用。比如 1024 端口就是分配给第一个向系统发出申请的程序。在关闭程序进程后，就会释放所占用的端口号。

动态端口也常常被病毒木马程序所利用，如冰河默认连接端口是 7626，WAY 2.4 是 8011，Netspy 3.0 是 7306，YAI 病毒是 1024 等。

（2）按协议类型划分。

按协议类型划分，可以分为 TCP、UDP、IP 和 ICMP（Internet 控制消息协议）等端口。下面主要介绍 TCP 和 UDP 端口。

①TCP 端口。TCP 端口，即传输控制协议端口，需要在客户端和服务器之间建立连接，这样可以提供可靠的数据传输。常见的包括 FTP 服务的 21 端口，Telnet 服务的 23 端口，SMTP 服务的 25 端口，以及 HTTP 服务的 80 端口等。

②UDP 端口。UDP 端口，即用户数据包协议端口，无须在客户端和服务器之间建立连接，安全性得不到保障。常见的有 DNS 服务的 53 端口，SNMP（简单网络管理协议）服务的 161 端口，QQ 使用的 8000 和 4000 端口等。

3. 如何查看端口

依次单击"开始"→"运行"，键入"cmd"并回车，打开命令提示符窗口。在命令提示符后键入"netstat -a -n"，按下回车键后就可以看到以数字形式显示的 TCP 和 UDP 连接的端口号及状态。

4. 开启和关闭端口

默认情况下，有很多端口是开启的，比如 Telnet 服务的 23 端口，FTP 服务的 21 端口，SMTP 服务的 25 端口，RPC 服务的 135 端口等。为了保证系统的安全性，可以通过下面的方法来关闭/开启端口。

如果要关闭 SMTP 服务的 25 端口，首先打开"控制面板"窗口，双击"管理工具"，再双击"服务"。在打开的服务窗口中找到并双击"Simple Mail Transfer Protocol （SMTP）"服务，单击"停止"按钮来停止该服务，然后在"启动类型"中选择"已禁用"，最后单击"确定"按钮。这样，关闭了 SMTP 服务就相当于关闭了对应的端口。

如果要开启该端口只要先在"启动类型"中选择"自动"，单击"确定"按钮，再打开该服务，在"服务状态"中单击"启动"按钮即可启用该端口，最后，单击"确定"按钮。

5. 常用端口

常用端口如表 6-1 所示。

表 6-1　中国万网查询结果

端口	说明
21 端口	用于 FTP 服务
23 端口	用于 Telnet 服务
25 端口	为 SMTP 服务器所开放，绝大多数邮件服务器都使用该协议
53 端口	为 DNS 服务器所开放，用于域名解析
69 端口	TFTP 是 Cisco 公司开发的一个简单文件传输协议，类似于 FTP
79 端口	为 Finger 服务开放，用于查询远程主机在线用户、操作系统类型以及是否缓冲区溢出等用户的详细信息
80 端口	为 HTTP 开放，用于在 WWW 服务上传输信息的协议
109、110 端口	109 端口为 POP2 服务开放，110 端口是为 POP3 服务开放的，POP2、POP3 都主要用于接收邮件
113 端口	主要用于 Windows 的 Authentication Service（验证服务）
119 端口	为 Network News Transfer Protocol（网络新闻组传输协议，简称 NNTP）开放的
135 端口	主要用于使用 RPC（Remote Procedure Call，远程过程调用）协议并提供 DCOM（分布式组件对象模型）服务
137 端口	主要用于 NetBIOS Name Service（NetBIOS 名称服务）
139 端口	是为 NetBIOS Session Service 提供的，主要用于提供 Windows 文件和打印机共享以及 UNIX 中的 Samba 服务
143 端口	用于 Internet Message Access Protocol v2（Internet 消息访问协议，简称 IMAP）
161 端口	用于 Simple Network Management Protocol（简单网络管理协议，简称 SNMP）
443 端口	网页浏览端口，主要是用于 HTTPS 服务，是提供加密和通过安全端口传输的另一种 HTTP
554 端口	用于 Real Time Streaming Protocol（实时流协议，简称 RTSP）
1080 端口	Socks 代理服务使用的端口
4000 端口	为 QQ 客户端开放的端口，QQ 服务端使用的端口是 8000
5554 端口	震荡波（Worm.Sasser）病毒可以利用 TCP 5554 端口开启一个 FTP 服务

6. 端口扫描原理

根据 TCP 协议规范，当一台计算机收到一个 TCP 连接建立请求报文（TCP SYN），做如下的处理：

（1）如果请求的 TCP 端口是开放的，则回应一个 TCP ACK 报文，并建立 TCP 连接控制结构（TCB）。

（2）如果请求的 TCP 端口没有开放，则回应一个 TCP RST 报文（TCP 头部中的 RST 标志设为 1），告诉发起计算机，该端口没有开放。

　　如果 IP 协议栈收到一个 UDP 报文，做如下处理：

　　（1）如果该报文的目标端口开放，则把该 UDP 报文送上层协议（UDP）处理，不回应任何报文（上层协议根据处理结果而回应的报文例外）。

　　（2）如果该报文的目标端口没有开放，则向发起者回应一个 ICMP 不可达报文，告诉发起者计算机该 UDP 报文的端口不可达。

　　利用这个原理，攻击主机便可以通过发送合适的报文，判断目标主机哪些 TCP 或 UDP 端口是开放的，过程如下：

　　（1）发出端口号从 0 开始依次递增的 TCP SYN 或 UDP 报文（端口号是一个 16 比特的数字，这样最大为 65535，数量很有限）。

　　（2）如果收到了针对这个 TCP 报文的 RST 报文，或针对这个 UDP 报文的 ICMP 不可达报文，则说明这个端口没有开放。

　　（3）相反，如果收到了针对这个 TCP SYN 报文的 ACK 报文，或者没有接收到任何针对该 UDP 报文的 ICMP 报文，则说明该 TCP 端口是开放的，UDP 端口可能开放。有的实现中即使该 UDP 端口没有开放，也可能不回应 ICMP 不可达报文。

　　这样就可以很容易地判断出目标计算机开放了哪些 TCP 或 UDP 端口，然后针对端口的具体数字进行下一步攻击。

【实现方法】

1. 流光扫描器

　　流光扫描器是小榕软件实验室开发的一款著名的扫描器。首先在目标主机搭建一个 FTP 环境，然后通过流光扫描器破解这个 FTP 管理员账户和密码。

　　（1）下载 Quick Easy FTP Server 软件并安装在目标主机 192.168.211.131 上，启动后界面如图 6-7 所示，输入 FTP 服务器 IP 地址，即目标主机的 IP。此时目标主机就成为了一个简单的 FTP 服务器。

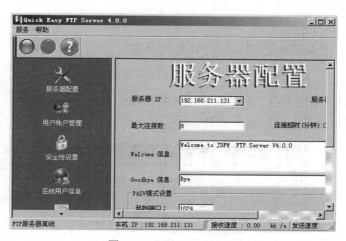

图 6-7　配置 FTP 服务器

　　（2）新建 FTP 账户名为 admin，密码为 123456。设置根目录路径和权限，如图 6-8 所示。然后单击左上角绿色按钮，运行此 FTP 服务器。

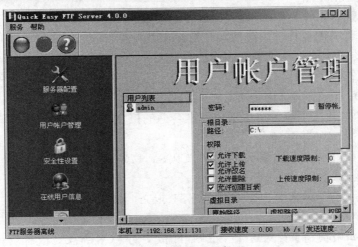

图 6-8　运行 FTP 服务器

（3）打开攻击主机 192.168.211.130 上的流光扫描器，在左边的列表里选择"FTP 主机"并右击，在弹出的快捷菜单中选择"编辑"→"添加"命令，如图 6-9 所示。

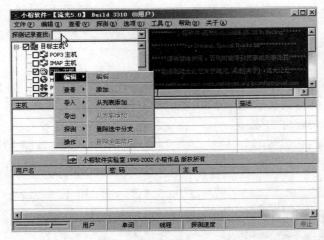

图 6-9　添加 FTP 服务器

（4）在弹出的"添加主机"对话框中输入要扫描的目标主机，这里直接输入目标主机的 IP 地址，表示要扫描目标主机，如图 6-10 所示。

图 6-10　添加目标主机

（5）选择左侧列表中"FTP 主机"下新增的 192.168.211.131 项并右击，在弹出的快捷菜单中选择"编辑"→"添加"命令，添加要扫描的用户名，如图 6-11 所示。

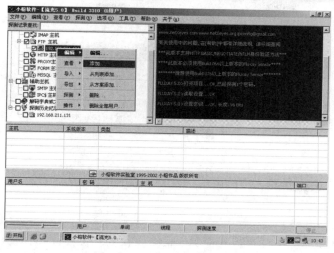

图 6-11　添加扫描的用户名

（6）在弹出的"添加用户"对话框中输入要扫描的用户名 admin，如图 6-12 所示。添加完成后如图 6-13 所示。

图 6-12　输入用户名

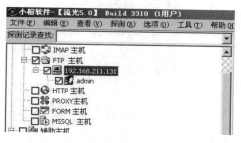

图 6-13　添加完成

（7）选择"解码字典或方案"选项并右击，在弹出的快捷菜单中选择"编辑"→"添加"命令，如图 6-14 所示。

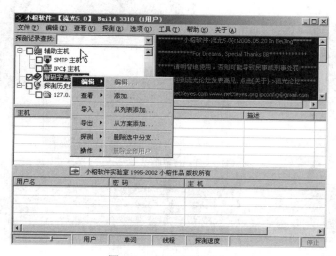

图 6-14　添加解码字典

（8）在弹出的"打开"对话框中找到一个密码字典，如图 6-15 所示。

图 6-15　选择一个解码字典

（9）执行"探测"→"简单模式探测"命令，流光扫描器开始扫描，如图 6-16 所示。

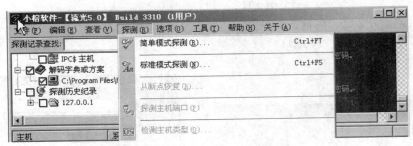

图 6-16　使用"简单模式探测"命令

（10）探测完成之后，在"探测结果"对话框中显示了扫描的详细结果，并得到 FTP 账户 admin 的弱口令 123456，如图 6-17 所示。

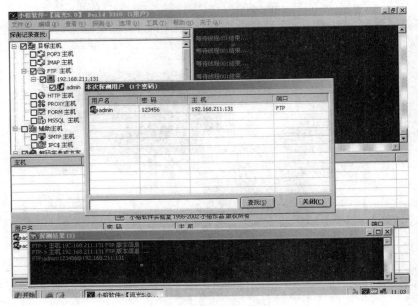

图 6-17　扫描结果

（11）也可以使用"文件"→"高级扫描向导"命令设置扫描选项，如图 6-18 所示。首先设置要扫描的目标主机 IP 地址或者要扫描的 IP 地址范围，然后选择检测项目，完成后单击"下一步"按钮。在后面显示的窗口中可以设置各种详细的扫描选择选项。

（12）设置扫描选项完成后，弹出"选择流光主机"对话框，可以选择使用本地主机或是网络主机上的流光扫描器，如图 6-19 所示。单击"开始"按钮启动扫描。

图 6-18　设置扫描选项

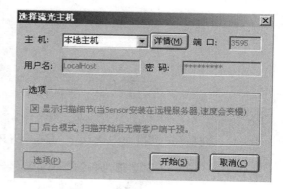

图 6-19　选择"本地主机"

（13）扫描结束后可查看扫描报告，如图 6-20 所示。

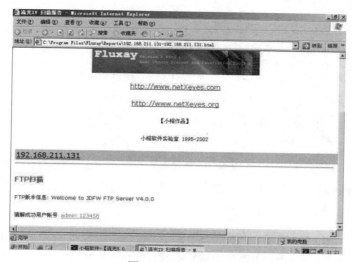

图 6-20　扫描报告

2. X-Scan 的使用

X-Scan 是非常著名的网络扫描工具，无须安装，解压缩即可运行，使用起来也非常容易。下面使用 X-Scan 扫描目标主机的 FTP 弱口令。

（1）在目标主机上搭建一个 FTP 服务器，账户为 admin，密码为 123456。

（2）打开攻击主机上的 X-Scan 扫描器，工具栏中的按钮从左至右分别是扫描参数、开始扫描、暂停扫描、终止扫描、检测报告、使用说明、退出。

（3）单击"扫描参数"按钮，配置 X-Scan 的扫描参数，在弹出的"扫描参数"对话框中填写要扫描的主机，这里填写目标主机的 IP 地址，如图 6-21 所示。

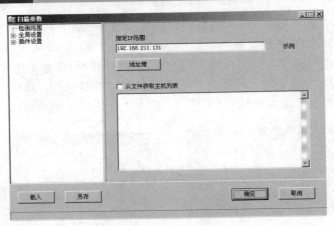

图 6-21　设置扫描主机

（4）选择"扫描模块"选项，勾选"FTP 弱口令"复选框，如图 6-22 所示。

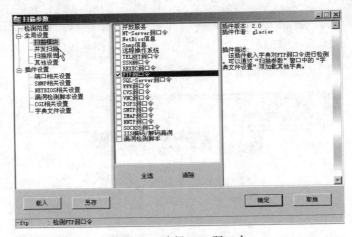

图 6-22　选择 FTP 弱口令

（5）双击左侧列表中的"字典文件设置"选项，在弹出的"打开"对话框中选择字典文件，如图 6-23 所示。

图 6-23　选择字典文件

将用户名 admin 添加在字典文件中，如图 6-24 所示。

图 6-24　添加用户名

（6）单击"确定"按钮后回到 X-Scan 的主界面，单击"开始扫描"按钮开始扫描，如图 6-25 所示。

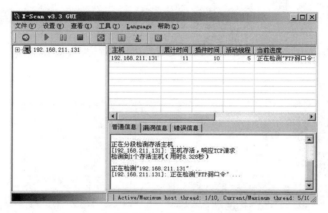

图 6-25　正在扫描

（7）扫描结果如图 6-26 所示，可以看到 FTP 账户 admin 的弱口令为 123456。

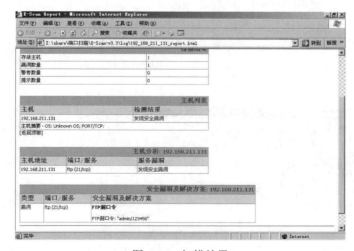

图 6-26　扫描结果

3．SuperScan 的使用

SuperScan 是基于面向连接式协议的 TCP 端口扫描器、Pinger 和主机名解析器，是强大的扫描工具，能通过本地和远程主机的 IP 地址扫描该主机相关的软件、端口和服务等的安全状况，并能生成详细的扫描报告提供给用户。

（1）运行 SuperScan 4.0.exe，该软件上方显示的选项卡包括：①"扫描"选项卡，用来进行端口扫描；②"主机和服务扫描设置"选项卡，设置主机和服务选项，包括要扫描的端口类型和端口列表；③"扫描选项"选项卡，设置扫描任务选项；④"工具"选项卡，提供的特殊扫描工具，可以借助这些工具对特殊服务进行扫描；⑤"Windows 枚举"选项卡，对目标主机的一些主机信息进行扫描。SuperScan 的主界面如图 6-27 所示。

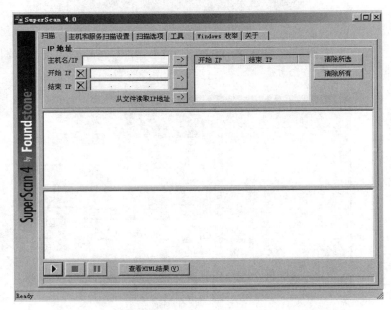

图 6-27　SuperScan 主界面

（2）打开"扫描"选项卡，如果是对非连续 IP 地址的目标主机进行扫描，则在"主机名/IP"文本框中逐个输入目标主机的主机名或 IP 地址，然后单击[->]按钮，把要扫描的目标主机添加到中间部分的列表框中；若要对连续 IP 地址的目标主机进行扫描，则在"开始 IP"和"结束 IP"文本框中输入开始和结束的 IP 地址，单击[->]按钮，把要扫描的连续 IP 主机添加到中间部分的列表框中，如图 6-28 所示。

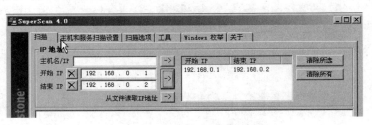

图 6-28　添加扫描主机

（3）打开"主机和服务扫描设置"选项卡，在"UDP 端口扫描"和"TCP 端口扫描"两栏中可以分别设置要扫描的 UDP 端口或 TCP 端口列表，可以自己添加要扫描的端口号，同样也可以从文本类型的端口列表文件中导入。在"超时设置"文本框中设置扫描超时等待时间；其他按默认即可，如图 6-29 所示。

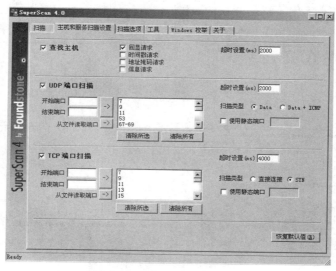

图 6-29　主机和服务扫描设置

（4）在"扫描选项"选项卡中，可以设置扫描时检测开放主机或服务的次数，解析主机名的次数，获取 TCP 或者 UDP 标志的超时，以及扫描的速度，如图 6-30 所示。一般也可按默认设置即可。

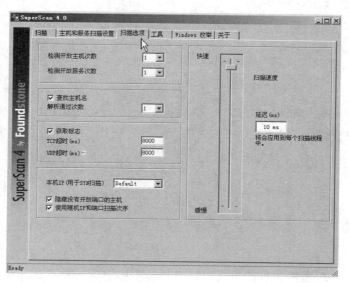

图 6-30　扫描选项设置

（5）以上设置完成后打开"扫描"选项卡，单击对话框底部左边的▶按钮即开始扫描，扫描的结果在下面的列表框中显示，如图 6-31 所示。从中可以看出目标主机的主机名、开放端口等信息。

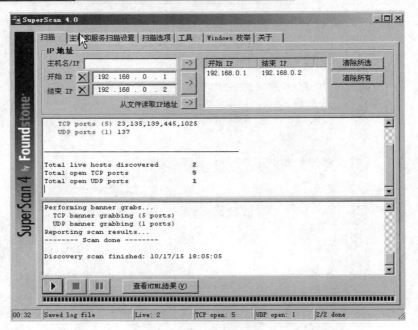

图 6-31　开始扫描

（6）单击图 6-31 中的"查看 HTML 结果"按钮，以网页形式显示，如图 6-32 所示，可以更清楚地看出扫描后的结果。扫描结果显示了目标主机上的主机名、MAC 地址、用户账户和所开放的端口。

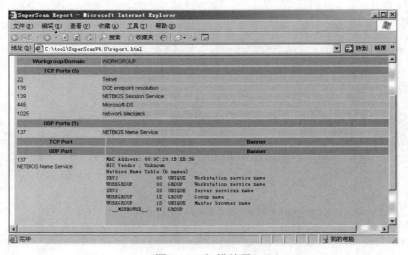

图 6-32　扫描结果

（7）"工具"选项卡中提供的工具可以对目标主机进行各种测试，还可以对网站进行测试。首先在"主机名/IP/URL"文本框中输入要测试的主机或网站的主机名，或 IP 地址，或者 URL 网址，然后再单击窗口中的相应工具按钮，进行对应的测试，如查找目标主机名、进行 ping 测试操作、ICMP 跟踪、路由跟踪、HTTP 头请求查询等。如果要进行 Whois 测试，则需在"默认 Whois 服务器"文本框中输入 Whois 服务器地址，如图 6-33 所示。

图 6-33　工具选项设置

（8）"Windows 枚举"选项卡是对目标主机的一些 Windows 信息进行扫描，检测目标主机的 NetBIOS 主机名、MAC 地址、用户/组信息、共享信息等。首先在对话框顶部的"主机名/IP/URL"文本框中输入主机名、IP 地址或网站 URL，然后在左边窗格中选择要检测的项目，然后再单击 Enumerate 按钮，列表框中显示所选测试项目的结果，如图 6-34 所示。

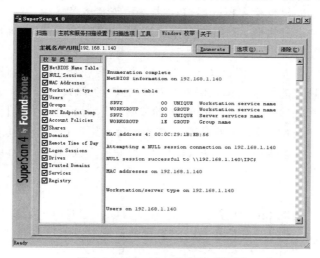

图 6-34　Windows 枚举选项设置

【思考与练习】

理论题

端口扫描的原理是什么？

实训题

使用一种扫描工具对局域网中的主机进行端口扫描。

任务 3   经典 IPC 入侵及防范

【任务描述】

当前的网络设备基本上是依靠认证实现身份识别和安全防范的。在众多认证方式中，基于"账号/密码"的认证最为常见，应用最为广泛。针对这种方式的入侵主要有 IPC$、Telnet 等。

【任务要求】

掌握 IPC$入侵的基本原理。

掌握 IPC$入侵的基本命令与方法。

掌握 IPC$入侵的防范方法。

【知识链接】

1. 什么是 IPC$

IPC$（Internet Process Connection）是共享"命名管道"的资源，是为了让进程间通信而开放的命名管道，可以通过验证用户名和密码获得相应的权限，在远程管理计算机和查看计算机的共享资源时使用。如果目标主机开启 IPC$共享，连接者利用 IPC$可以与目标主机建立一个空的连接而无需用户名与密码，利用这个空的连接，连接者还可以得到目标主机上的用户列表（如果管理员没有禁止导出用户列表）。

IPC$是为了方便管理员的远程管理而开放的远程网络登录功能，而且还打开了默认共享，初衷都是为了方便管理员的管理，但入侵者会利用 IPC$访问共享资源，导出用户列表，并使用一些字典工具进行密码探测，进而获得更高的权限，达到不可告人的目的。

IPC 连接是 Windows NT 及以上系统中特有的远程网络登录功能，其功能相当于 UNIX 中的 Telnet，由于 IPC$功能需要用到 Windows NT 中的很多 DLL 函数，所以不能在 Windows 9.x 中运行。

2. IPC$与空连接

不需要用户名与密码的 IPC$连接称为空连接，若以特定的用户名和密码登录进行 IPC$连接，就不能称为空连接。当以空连接登录时没有任何权限，以用户或管理员的身份登录时，会有相应的权限。所以进行 IPC$连接前会先扫描管理员弱口令。

3. IPC$与 139、445 端口

IPC$连接可以实现远程登录及对默认共享的访问，开启 139 端口则表示可应用 NETBIOS 协议，可以通过 139、445 端口实现对共享文件/打印机的访问，一般来讲，IPC$连接是需要 139 或 445 端口来支持的。

4. IPC$与默认共享

默认共享是为了方便管理员远程管理而默认开启的共享，即所有的逻辑盘（c$, d$, e$……）和系统目录 winnt 或 windows（admin$），通过 IPC$连接可以实现对这些默认共享的访问（前提是对方没有关闭这些默认共享）。

5．常见的导致 IPC$连接失败的原因

（1）IPC$连接是 Windows NT 及以上系统中特有的功能，需要用到 Windows NT 中很多 DLL 函数，所以不能在 Windows 9.x/Me 系统中运行，也就是说只有 Windows NT/2000/XP 才可以相互建立 IPC$连接，Windows 98/Me 是不能建立 IPC$连接的。

（2）如果响应方关闭了 IPC$共享，将不能建立连接。

（3）连接发起方未启动 Lanmanworkstation 服务（显示名为：Workstation），发起方无法发起连接请求。

（4）响应方未启动 Lanmanserver 服务（显示名为：Server），Lanmanserver 服务提供了 RPC 支持、文件、打印以及命名管道共享，IPC$依赖于此服务，没有它主机将无法响应发起方的连接请求，但仍可发起 IPC$连接。

（5）响应方的 139、445 端口未处于监听状态或被防火墙屏蔽。

（6）连接发起方未打开 139、445 端口。

（7）用户名或者密码错误。

（8）如果在已经建立好连接的情况下对方重启计算机，IPC$连接将会自动断开，需要重新建立连接。

6．相关命令

IPC$连接的相关命令如表 6-2 所示。

表 6-2　相关命令

建立空连接	net use \\IP\ipc$""/user:""
建立非空连接	net use \\IP\ipc$ "用户名" /user:"密码"
在 IPC$连接中对远程主机的操作命令：	
查看远程主机的共享资源	net view \\IP
查看远程主机的当前时间	net time \\IP
得到远程主机的 netbios 用户名列表	nbtstat -A IP
映射/删除远程共享	
将共享名为 c 的共享资源映射为本地 z 盘	net use z: \\IP\c
删除映射的 z 盘	net use z: /del
向远程主机复制文件的命令：	
将 c 盘下的 hack.exe 复制到对方 c 盘内	copy c:\hack.exe \\IP\c$
把远程主机上的文件复制到自己的机器里	copy \\IP\c$\hack.exe c:\
将对方的 c 盘映射为自己的 z 盘	net use z: \\IP\c$
删除一个 IPC$连接	net use\\IP\ipc$/del
删除共享映射的命令：	
删除映射的 c 盘	net use c: /del
删除全部，会有提示要求按 y 键确认	net use * /del

【实现方法】

1. IPC$漏洞入侵

（1）使用 X-Scan 扫描目标主机，获得其可能存在的弱口令，账户名为 Administrator，密码为 123456 的管理员账号。

（2）打开 cmd 命令窗口，输入命令 net use \\192.168.211.131\ipc$ /user:Administrator 123456 并按回车键，即可建立一个 IPC$连接，如图 6-35 所示。

图 6-35　建立 IPC$连接

（3）输入命令 net use 查看已经建立的 IPC$连接是否成功，如图 6-36 所示。

图 6-36　查看建立的 IPC 连接

（4）此时已经通过 IPC$成功入侵了目标机，并且拥有管理员的权限，输入命令 copy hack.exe \\192.168.211.131\c$\WINDOWS\ 复制准备好的木马文件 hack.exe 到目标主机的 C 盘的 WINDOWS 目录下，也可以是任何类型的文件，如图 6-37 所示。

图 6-37　复制文件到目标主机

（5）输入命令 net time\\192.168.211.131 查看当前目标服务器的时间为 2015 年 10 月 31 日晚上 23 点，如图 6-38 所示。

图 6-38　显示目标主机的时间

（6）输入命令 at　\\192.168.211.131　23:55　c:\WINDOWS\hack.exe，通过这条命令，目标主机在晚上 23:55 时运行 c:\WINDOWS\hack.exe 文件，实现植入木马的目的，如图 6-39 所示。

图 6-39　成功植入木马

2．IPC$漏洞防御

（1）删除共享。

①通过命令 net share 查看本地共享资源，如图 6-40 所示。

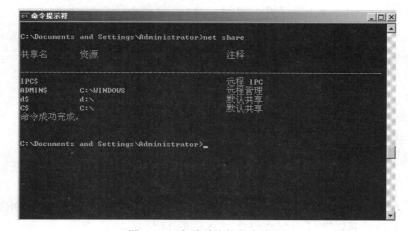

图 6-40　查看系统的共享资源

②输入命令 net　share　D$　/delete 删除 D 盘的共享资源，如图 6-41 所示。

图 6-41　删除共享资源

（2）禁止用户建立空连接。

①执行"开始"→"运行"命令，输入 regedit。

②找到主键：HKEY_LOCAL_MACHINE\SYSTEM\CurrentControlSet\Services\Lanmanserver\
parameters，把 AutoShareWks 的键值改为 00000000，如图 6-42 所示。

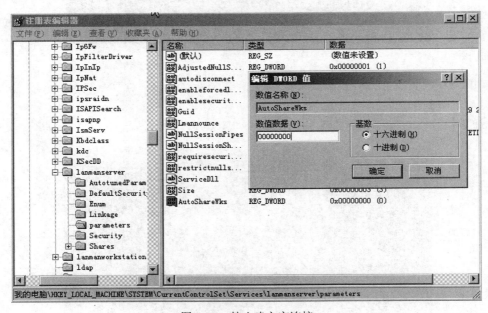

图 6-42　禁止建立空连接

③如果没有 AutoShareWks，使用鼠标右键单击，选择"新建"→"DWORD 值"命令，
这样新建一个主键再编辑键值为 00000000，如图 6-43 所示。

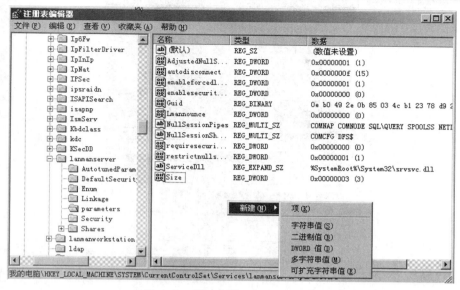

图 6-43　新建主键 AutoShareWks

（3）设置复杂的管理员口令。

将超级管理员的账户名 Administrator 改为其他数字、字母的结合，同时设置复杂的登录密码。IPC$入侵时需要目标主机的用户名和登录密码，如果密码设置得十分复杂，入侵者要破解用户名和密码就需要花费相当长的时间。

（4）永久关闭 IPC$和默认共享依赖的服务：lanmanserver，即 Server 服务。

打开"管理工具"→"服务"，找到 server 服务，如图 6-44 所示。双击打开"Server 的属性"对话框，在"常规"选项卡的启动类型中选择"禁用"，单击"确定"按钮，如图 6-45 所示。

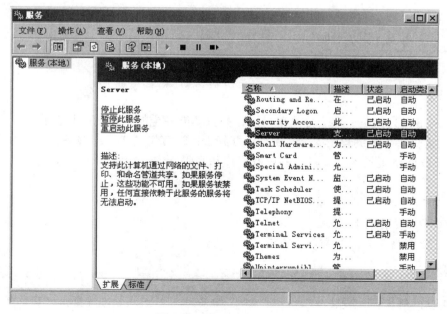

图 6-44　找到 Server 服务

图 6-45　禁用 Server 服务

【思考与练习】

理论题

什么是 IPC$入侵？

实训题

实现 IPC$的入侵。

任务 4　黑客入侵实例

【任务描述】

啊 D 网络工具包是一款十分简单易用，并且功能齐全的工具，而且它的功能不仅仅局限于扫描，还提供了许多的攻击方案，例如，打开远程计算机的 Telnet 服务、植入木马等。本任务将使用啊 D 网络工具入侵主机，并窃取账户和密码。

【任务要求】

掌握黑客入侵的基本步骤。

掌握啊 D 网络工具的基本使用方法。

【实现方法】

1.　啊 D 网络工具入侵主机

（1）在攻击主机上使用啊 D 网络工具包。啊 D 网络工具包提供了扫描弱口令的功能，即

"肉鸡查找"功能。选择"工具"→"肉鸡查找"命令，弹出的窗口如图 6-46 所示。

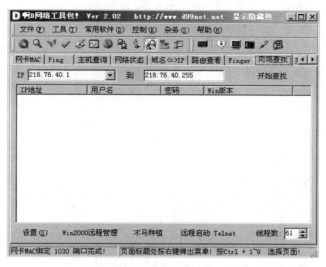

图 6-46 "肉鸡查找"选项卡

（2）在"IP"文本框中填入目标主机的 IP 地址 192.168.211.131，以获得目标主机可能存在的弱口令，如图 6-47 所示。

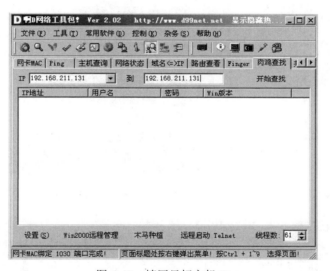

图 6-47 填写目标主机 IP

（3）单击"开始查找"按钮，开始扫描以获取目标主机的弱口令。扫描结果显示系统管理员 Administrator 的密码为 123456，如图 6-48 所示。获得系统管理员的口令后，就可以利用啊 D 网络工具包的"远程启动 Telnet"功能，打开目标主机的 Telnet 服务，实现入侵。

（4）右击扫描出的结果，在弹出的快捷菜单中选择"打开对方的 Telnet"命令，如图 6-49 所示。

（5）在弹出的对话框的"IP"文本框中输入目标主机的 IP 地址 192.168.211.131，并选择用户名 Administrator，然后在"密码"文本框中输入密码 123456，如图 6-50 所示。

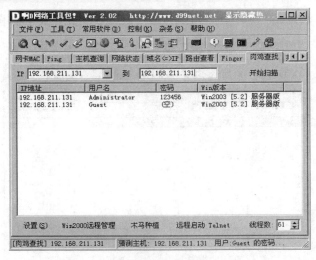

图 6-48　扫描结果

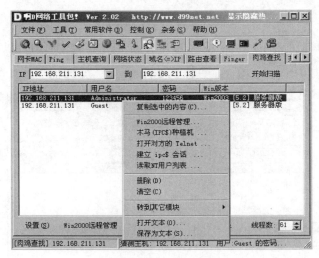

图 6-49　打开目标主机的 Telnet

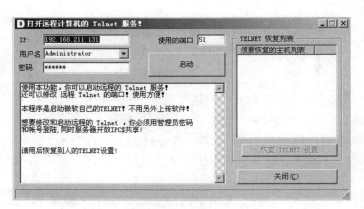

图 6-50　输入目标主机信息

（6）单击"启动"按钮，若打开目标机成功，则弹出成功的提示对话框，显示可以使用 Telnet 进行连接的用户名和密码，如图 6-51 所示。

图 6-51　连接目标主机的 Telnet

（7）单击"确定"按钮，启动系统自带的 Telnet 程序，如图 6-52 所示。

图 6-52　启动 Telnet

（8）依次输入用户名 Administrator 和密码 123456，入侵目标机，如图 6-53 所示。

图 6-53　入侵目标主机

（9）按回车键后，即可成功使用 Telnet 登录到目标机，实现入侵，如图 6-54 所示。现在可以像操作自己的计算机一样，在上面进行任何操作了。

图 6-54　登录目标主机

（10）输入命令"echo say hello to you>>1.txt"并按回车键，如图6-55所示，创建一个内容为"say hello to you"的文本文件1.txt，表示入侵成功。

图6-55　在目标主机上创建文件

（11）再次使用命令 dir /w 查看目录和文件，可以看到刚才创建的文件已经成功，如图6-56所示。此外，还可以使用命令对目标机进行其他的操作，比如删除其重要文件、植入木马等。

图6-56　成功创建文件

【思考与练习】

实训题

1．使用啊D网络工具入侵主机，并窃取账户和密码。
2．练习啊D网络工具包的其他功能。
3．下载并安装其他的任意一种网络攻击工具，并熟悉其使用方法。

任务5　ARP攻击及防范

【任务描述】

ARP协议对网络安全具有重要的意义。在本次任务中，通过对ARP攻击原理的学习，使用ARP攻击器对局域网中的机器进行ARP攻击，并了解一些实用性较强且操作简单的检测和抵御攻击的有效方法。

【任务要求】

理解 ARP 协议的工作原理。

理解 ARP 欺骗与攻击的原理。

掌握 ARP 欺骗与攻击的方法。

掌握 ARP 攻击的常用防范方法。

【知识链接】

1. 什么是 ARP

ARP 协议是"Address Resolution Protocol"（地址解析协议）的缩写，是一个位于 TCP/IP 协议栈中的低层协议，负责将某个 IP 地址解析成对应的 MAC 地址。

在局域网中，网络中实际传输的是帧（frame），帧中包含目标主机的 MAC 地址。在以太网中，一个主机要和另一个主机或网关进行直接通信，必须要知道目标主机的 MAC 地址。目标主机的 MAC 地址是通过 ARP（地址解析协议）获得的。"地址解析"就是主机在发送帧前将目标主机的 IP 地址转换成 MAC 地址的过程。ARP 协议的基本功能就是通过目标主机的 IP 地址，查询目标主机的 MAC 地址，以保证通信的顺利进行。ARP 协议对网络安全具有重要的意义，通过伪造 IP 地址和 MAC 地址的映射关系实现 ARP 欺骗，能够在网络中产生大量的 ARP 通信量使网络阻塞。

2. ARP 协议的工作原理

正常情况下，每台主机都会在自己的 ARP 缓冲区中建立一个 ARP 列表，以表示 IP 地址和 MAC 地址的对应关系。当源主机需要将一个数据包要发送到目的主机时，会首先检查自己 ARP 列表中是否存在该 IP 地址对应的 MAC 地址。如果有，就直接将数据包发送到这个 MAC 地址。如果没有，就向本地网段发起一个 ARP 请求的广播包，查询此目的主机对应的 MAC 地址。此 ARP 请求数据包里包括源主机的 IP 地址、硬件地址以及目的主机的 IP 地址。网络中所有的主机收到这个 ARP 请求后，会检查数据包中的目的 IP 是否和自己的 IP 地址一致。如果不相同就忽略此数据包；如果相同，该主机首先将发送端的 MAC 地址和 IP 地址添加到自己的 ARP 列表中，如果 ARP 表中已经存在该 IP 的信息，则将其覆盖，然后给源主机发送一个 ARP 响应数据包，告诉对方自己是它需要查找的 MAC 地址；源主机收到这个 ARP 响应数据包后，将得到的目的主机的 IP 地址和 MAC 地址添加到自己的 ARP 列表中，并利用此信息开始数据的传输。

以主机 A（192.168.1.1）向主机 B（192.168.1.2）发送数据为例，当发送数据时，主机 A 会在自己的 ARP 缓存表中寻找是否有目标主机 B 的 IP 地址。如果找到了，直接把目标 MAC 地址写入帧里发送；如果在自己的 ARP 缓存表中没有找到相对应的 IP 地址，主机 A 就会在网络上发送一个广播，目标 MAC 地址是"FF.FF.FF.FF.FF.FF"，表示向同一网段内的所有主机发出这样的询问："192.168.1.2 的 MAC 地址是什么？"，网络上其他主机并不响应 ARP 询问，只有主机 B 接收到这个帧时，才向主机 A 做出这样的回应："192.168.1.2 的 MAC 地址是 00-aa-00-62-c6-09"。这样，主机 A 就知道了主机 B 的 MAC 地址，可以向主机 B 发送信息，同时更新了自己的 ARP 缓存表，下次主机 A 再向主机 B 发送信息时，直接从 ARP 缓存表里查找就可以了。在一段时间内如果 ARP 缓存表中的某一行没有使用，就会被删除，这样可以大大减少 ARP 缓存表的长度，加快查询速度。

3．ARP 欺骗的原理

假设这样一个网络，一个交换机连接了 3 台机器，主机 A 的地址为：IP:192.168.1.1，MAC:
AA-AA-AA-AA-AA-AA；主机 B 的地址为：IP：192.168.1.2，MAC: BB-BB-BB-BB-BB-BB；
主机 C 的地址为：IP:192.168.1.3，MAC: CC-CC-CC-CC-CC-CC。

（1）正常情况下在主机 A 上运行命令 ARP -A 查询 ARP 缓存表，应该出现如下信息：

Interface: 192.168.1.1 on Interface 0x1000003

Internet Address Physical Address Type

192.168.1.2 BB-BB-BB-BB-BB-BB dynamic

192.168.1.3 CC-CC-CC-CC-CC-CC dynamic

（2）在主机 B 上运行 ARP 欺骗程序，发送 ARP 欺骗包。

主机 B 向主机 A 发送一个自己伪造的 ARP 应答，在这个应答中，发送方的 IP 地址是
192.168.1.3（主机 C 的 IP 地址），MAC 地址是 DD-DD-DD-DD-DD-DD（C 的 MAC 地址本来
应该是 CC-CC-CC-CC-CC-CC，这里被伪造了）。当主机 A 接收到主机 B 伪造的 ARP 应答，
就会更新本地的 ARP 缓存。主机 A 并不知道这个伪造的 ARP 应答其实是从主机 B 发送过来
的，主机 A 的 ARP 缓存里就保存了 192.168.1.3（C 的 IP 地址）和无效的 DD-DD-DD-DD-DD-DD
MAC 地址。

（3）欺骗完毕后在主机 A 上运行 ARP -A 来查询 ARP 缓存信息，发现原来正确的信息出
现了错误。

Interface: 192.168.1.1 on Interface 0x1000003

Internet Address Physical Address Type

192.168.1.2 BB-BB-BB-BB-BB-BB dynamic

192.168.1.3 DD-DD-DD-DD-DD-DD dynamic

以后从主机 A 访问主机 C（IP 为 192.168.1.3）就会被 ARP 协议错误地解析成 MAC 地址
为 DD-DD-DD-DD-DD-DD，以致信息不能被主机 C 接收。

当局域网中一台机器反复向其他机器，特别是向网关发送这样无效的、假冒的 ARP 应答
信息包时，严重的网络堵塞就会开始。由于网关 MAC 地址错误，从网络中计算机发来的数据
无法正常发到网关，导致无法正常上网。

4．ARP 扫描攻击

攻击主机向局域网内的所有主机发送 ARP 请求，从而获得正在运行主机的 IP 和 MAC 地
址映射对。ARP 扫描往往是为发动 ARP 攻击做准备。攻击主机通过 ARP 扫描来获得被攻击
主机的 IP 和 MAC 地址，为网络监听、盗取用户数据、实现隐蔽式攻击做准备。

ARP 扫描攻击（ARP 请求风暴）的通信模式是：请求→请求→请求→请求→请求→请求
→应答→请求→请求→请求……。网络中出现大量 ARP 请求广播包，几乎都是对网段内的所
有主机进行扫描。大量的 ARP 请求广播会占用网络带宽资源。

病毒程序、侦听程序、扫描程序都可能产生 ARP 请求风暴。

5．ARP 泛洪攻击

ARP 泛洪攻击是指攻击主机持续把伪造的 MAC 和 IP 映射对发给受害主机，对于局域网
内的所有主机和网关进行广播，抢占网络带宽和干扰正常通信。会出现经常有计算机反馈上不

了网，或网速很慢，查看 ARP 表项也都正确，但在网络中抓报文分析，发现大量 ARP 请求报文，而正常情况时，网络中 ARP 报文所占比例是很小的。恶意用户利用工具构造大量 ARP 报文发往交换机、路由器或某台 PC 机的某个端口，导致 CPU 忙于处理 ARP 协议，负担过重，造成设备其他功能不正常甚至瘫痪。通俗地理解：李四为保障电话簿正确，会定时检查和刷新电话簿，王五就高频率地修改李四的电话簿，导致李四也只能忙着刷新电话簿，无法做其他工作了。攻击者伪造大量不同 ARP 报文在同网段内进行广播，导致网关 ARP 表项被占满，合法用户的 ARP 表项无法正常学习，导致合法用户无法正常访问外网。这主要是一种对局域网资源消耗的攻击手段。

6. ARP 中间人攻击

ARP "中间人" 攻击，又称为 ARP 双向欺骗。"中间人" 攻击会导致某台主机上网突然掉线，一会又恢复了，但恢复后一直上网很慢。查看该主机的 ARP 表，网关 MAC 地址已被修改，而且网关上该 PC 机的 MAC 也是伪造的。该 PC 机和网关之间的所有流量都中转到另外一台主机上了。同样，ARP "中间人" 攻击也会表现为局域网内主机之间共享文件等正常通信非常慢的现象。

ARP "中间人" 攻击的过程为：如果有恶意攻击者主机 B 想探听主机 A 和主机 C 之间的通信，它可以分别给这两台主机发送伪造的 ARP 应答报文，使主机 A 和主机 C 更新自身 ARP 映射表中与对方 IP 地址相应的表项。此后，主机 A 和主机 C 之间看似 "直接" 的通信，实际上都是通过攻击者所在的主机 B 间接进行的，即主机 B 担当了 "中间人" 的角色，可以对信息进行窃取和篡改。如果攻击者对一个目标主机与它所在局域网的路由器实施 "中间人" 攻击，那么攻击者就可以截取 Internet 与这个目标主机之间的全部通信。

7. 防范 ARP 攻击的常用方法

（1）静态绑定。

将 IP 和 MAC 静态绑定，在网内把主机和网关都做 IP 和 MAC 绑定。

欺骗是通过 ARP 动态实时的规则欺骗内网主机，所以把 ARP 全部设置为静态可以解决对内网主机的欺骗，同时在网关也要进行 IP 和 MAC 的静态绑定，实现双向绑定。缺点是每台计算机需绑定，且重启后仍需绑定，工作量较大，虽说绑定可以通过批处理文件来实现，但也比较麻烦。

（2）使用防护软件。

目前关于 ARP 类的防护软件也比较多，ARP 防火墙采用系统内核层拦截技术和主动防御技术，可解决大部分 ARP 欺骗、ARP 攻击带来的问题，从而保证通信安全，保障通信数据不被网管软件/恶意软件监听和控制、保证网络畅通。

【实现方法】

1. 局域网中使用 WinArpAttacker 进行 ARP 攻击

WinArpAttacker 是一个很出名的 ARP 攻击工具，功能也很强大。下面利用 WinArpAttacker 实现局域网 ARP 攻击。

（1）安装 WinArpAttacker 3.70 和 WinPacp。

WinArpAttacker 3.70 需要 WinPacp 的支持，WinPcap 是用于网络封包抓取的一套工具，适用于 32/64 位的操作平台上解析网络封包，包含了核心的封包过滤，一个底层动态链接库和一个高层系统函数库，及可用来直接存取封包的应用程序界面。WinPcap 是一个免费公开的软件系统。下载安装 WinPacp。

（2）WinArpAttacker 3.70 的主界面。

双击运行 WinArpAttacker 3.70，主界面如图 6-57 所示。

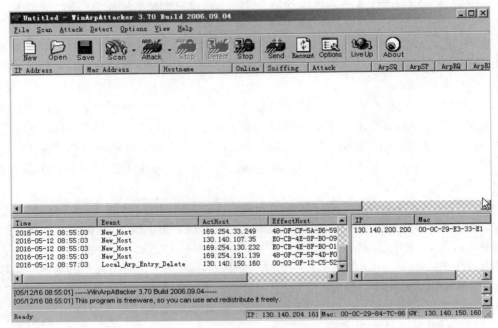

图 6-57　WinArpAttacker 主界面

WinArpAttacker 的界面分为四块输出区域。

第一个区域：主机列表区，显示的信息有局域网内的机器 IP Address、MAC Address、主机名 Hostname、是否在线 Online、是否在监听 Sniffing、是否处于被攻击状态 Attack，还有一些 ARP 数据包和转发数据包统计信息。

ArpSQ：是该机器的发送 ARP 请求包的个数。

ArpSP：是该机器的发送回应包个数。

ArpRQ：是该机器的接收请求包个数。

ArpRQ：是该机器的接收回应包个数。

Packets：是转发的数据包个数，这个信息在进行 SPOOF 时才有用。

Traffic：转发的流量，是 KB 为单位，这个信息在进行 SPOOF 时才有用。

第二个区域：检测事件显示区，显示检测到的主机状态变化和攻击事件。能够检测的事件主要有 IP 冲突、扫描、SPOOF 监听、本地 ARP 表改变、新机器上线等。用鼠标在上面移动时，会显示对于该事件的说明。

第三个区域：显示的是本机的 ARP 表中的项，可实时监控本机 ARP 表的变化。

第四个区域：信息显示区，主要显示软件运行时的一些输出，如果运行有错误，则都会从这里输出。

（3）单击 按钮，即可扫描到本局域网内的所有活动主机，如图 6-58 所示。

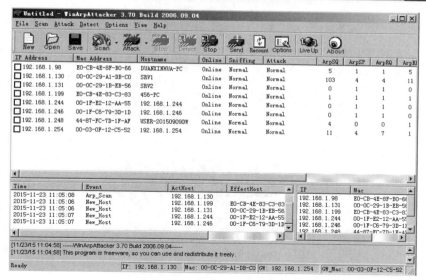

图 6-58　扫描局域网内的主机

（4）选中目标主机，其 IP 地址为 192.168.1.131，选择按钮，攻击功能有六个：FLOOD，不间断的 IP 冲突攻击；BANGATEWAY，禁止上网；IP Conflict，定时的 IP 冲突；Sniff Gateway，监听选定机器与网关的通信；Sniff Hosts，监听选定的几台机器之间的通信；Sniff Lan，监听整个网络任意机器之间的通信。选择 IP Conflict 对目标机进行 IP 占用，如图 6-59 所示。

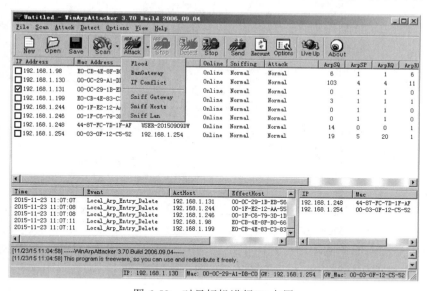

图 6-59　对目标机进行 IP 占用

（5）WinArpAttacker 通过伪造目标主机的数据包进行路由器 ARP 表欺骗，这样，目标主机数据包达不到网关，使其不能连接网络。如图 6-60 所示，显示 IP 占用成功。

此时，目标主机出现 IP 地址冲突的提示，如图 6-61 所示。

（6）下面进行网关欺骗。选择"Attack"→"BanGateway"命令进行网关欺骗，如图 6-62 所示。

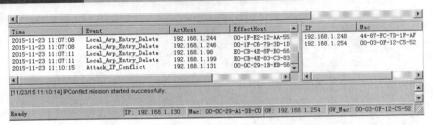

图 6-60　IP 占用成功

图 6-61　目标主机出现 IP 地址冲突

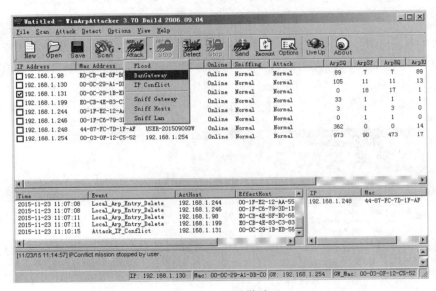

图 6-62　网关欺骗

通过"网关欺骗"可以使局域网内部的主机不能通过真正的网关连接到因特网。

2. 手动构造攻击的 ARP 包

（1）以上是比较简单的攻击方式，下面手动构造攻击的 ARP 包完成 ARP 欺骗攻击。首先，查看目标主机 192.168.1.131 的 ARP 缓存状态，如图 6-63 所示。

图 6-63　目标主机的 ARP 缓存

　　攻击者现在的 IP 是 192.168.1.130，MAC 地址是 00-0c-29-a1-db-c8。当发送一个 ARP 应答包给目标主机时，目标主机应该会增加一条 IP-MAC 记录，如果已有记录时，会根据 ARP 应答包修改 IP-MAC 记录。

　　（2）制作一个 ARP 应答包发送给目标主机。单击 Send 按钮，弹出如图 6-64 所示的对话框。

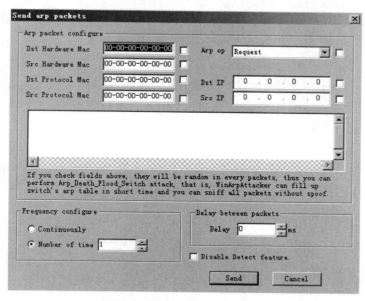

图 6-64　制作 ARP 应答包

　　在区域　　　　　　　　　　　中，Dst Hardware Mac 和 Dst Protocol Mac 表示目的主机的物理地址。Src Hardware Mac 和 Src Protocol Mac 表示源主机的物理地址。

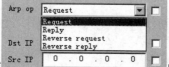

　　在区域　　　　　　　　　　　中，Arp op 指的是数据包的功能。Request 指请求对方的物理地址，即 ARP 请求包。Reply 指回复对方自己的物理地址，即 ARP 回复包。Reverse Request 指通过物理地址询问对方的 IP 地址，即 RARP 请求包。Reverse Reply 指回复对方自己的 IP 地址，即 RARP 回复包。

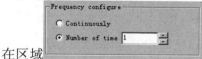

　　在区域　　　　　　　　　　　中，Frequency configure 指攻击频率，可以设置攻击次数，也可以是循环攻击。

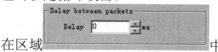

　　在区域　　　　　　　　　　　中，可以设置发送每个数据包之间的时间间隔。

（3）设置源主机和目标主机的物理地址和 IP 地址，如图 6-65 所示。将主机 192.168.1.130 的物理地址改为 00-0c-29-a1-db-e0，其真实的物理地址为 00-0c-29-a1-db-c0，这样可以欺骗目标主机，修改其 ARP 缓存表。填完数据后，单击 send。

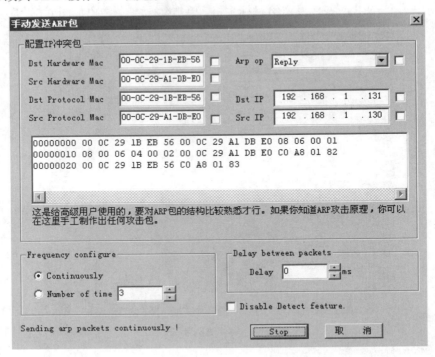

图 6-65　制作 ARP 应答包

（4）在目标主机上再次查看 ARP 缓存表，如图 6-66 所示。发现主机 192.168.1.130 的物理地址已经修改为错误的 00-0c-29-a1-db-e0。这样目标主机与主机 192.168.1.130 的正常通信就无法完成。

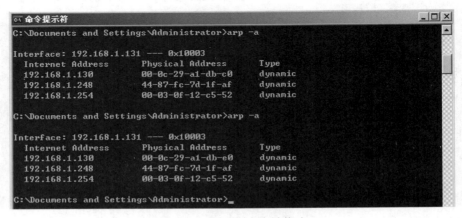

图 6-66　ARP 缓存表被修改

3．ARP 防护软件

关于 ARP 类的防护软件比较多，常用的一款软件是彩影软件的 ARP 防火墙。ARP 防火墙采用系统内核层拦截技术和主动防御技术，包含六大功能模块，可解决大部分欺骗、ARP 攻击带来的问题。

（1）运行 antiarp，主界面如图 6-67 所示。

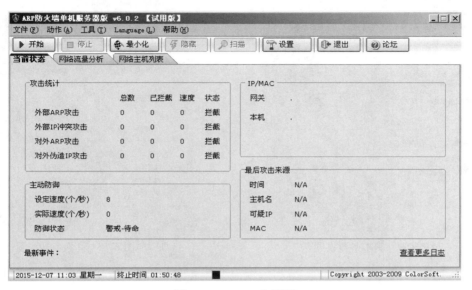

图 6-67　antiarp 主界面

（2）单击"开始"按钮，防火墙开始工作，此时在另一台主机上使用 WinArpAttacker 对其进行 ARP 攻击，可以看到 ARP 防火墙已成功拦截，如图 6-68 所示。

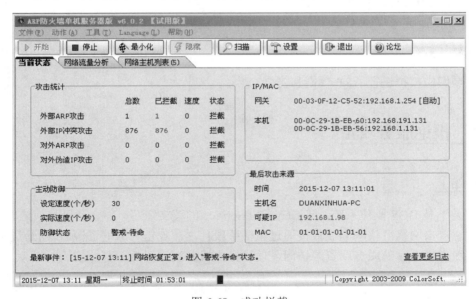

图 6-68　成功拦截

（3）单击"工具"→"基本参数设置"命令和"工具"→"高级参数设置"命令，可设置各种参数和功能，如图 6-69 和图 6-70 所示。

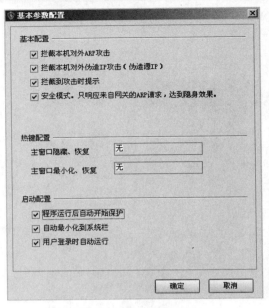

图 6-69　基本参数设置

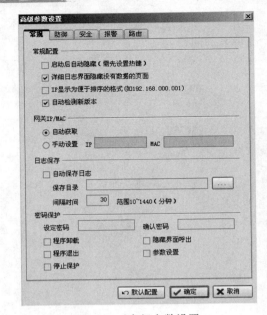

图 6-70　高级参数设置

【思考与练习】

理论题

1. 简述 ARP 协议的工作原理。
2. ARP 攻击的原理是什么？

实训题

在局域网中模拟进行 ARP 攻击和防御。

任务 6　拒绝服务攻击

【任务描述】

DoS 并不是 DOS 操作系统，是 Denial of Service 的英文缩写，中文意思是拒绝服务。DoS 攻击是故意攻击网络协议缺陷或直接通过蛮横手段耗尽被攻击对象的资源，目的是让目标主机或网络无法提供正常的服务或资源访问，使目标主机系统停止响应甚至崩溃。

【任务要求】

了解常见的 DoS 和 DDoS 网络攻击。
理解 DoS 和 DDoS 攻击的原理。
掌握 DoS 攻击和防范的方法。

【知识链接】

1. DoS 和 DDoS

DoS（Denial of Service）的意思是拒绝服务，也称作拒绝服务攻击，在众多网络攻击技术中是一种简单有效并且具有很大危害性的进攻方法。它通过各种手段来消耗网络带宽和系统资源，或者攻击系统缺陷，使系统的正常服务陷于瘫痪，不能对正常用户进行服务，从而实现拒绝正常用户的服务访问。

拒绝服务攻击是一种非常有效的攻击技术，它利用协议或系统的缺陷，采用欺骗的策略进行网络攻击，最终目的是使目标主机因为资源全部被占用而不能处理合法用户提出的请求，即对外表现为拒绝提供服务。

DDoS（Distributed Denial of Service）的意思是分布式拒绝服务，也称作分布式拒绝服务攻击或洪水攻击。

DDoS 攻击手段是在传统的 DoS 基础之上产生的一类攻击方式。单一的 DoS 攻击一般是采用一对一方式的，当被攻击的目标主机 CPU 速度低、内存小或者网络带宽小等各项性能指标不高，DoS 攻击的效果是明显的。随着计算机与网络技术的发展，计算机的处理能力迅速增长，内存大大增加，同时也出现了千兆级别的网络，这使得 DoS 攻击的困难程度加大了。目标主机对恶意攻击包的"消化能力"加强了不少，例如攻击软件每秒钟可以发送 3000 个攻击包，但目标主机和网络带宽每秒钟可以处理 10000 个攻击包，这样攻击就不会产生什么效果。

这种情况下，分布式的拒绝服务攻击手段（DDoS）就应运而生了。如果计算机与网络的处理能力加大了 10 倍，用一台攻击机来攻击不再能起作用的话，攻击者使用 10 台攻击机同时攻击呢？用 100 台呢？DDoS 就是利用更多的傀儡机来发起进攻，以比从前更大的规模来进攻受害者。

2. 常见 DoS 攻击

（1）SYN-Flood 洪水攻击。

SYN-Flood 洪水攻击是常见的一种 DoS 与 DDoS 攻击方式，它利用了 TCP 协议缺陷进行攻击。先简单回顾 TCP 三次握手的过程：首先，客户端发送一个包含 SYN 同步标志的 TCP 报文，请求和服务器端连接；服务器将返回一个 SYN+ACK 的报文，表示接受客户端的连接请求；客户端随即返回一个确认报文 ACK 给服务器端，至此一个 TCP 连接完成。SYN-Flood 攻击者攻击前伪造一个源 IP 非自身 IP 的 SYN 报文，将此报文发送给服务器端，服务器端在发出 SYN+ACK 应答报文后是无法收到客户端的 ACK 报文的（第三次握手无法完成），这种情况下服务器端一般会重新发送 SYN+ACK 给客户端，并等待一段时间后丢弃这个未完成的连接，当攻击者发出大量这种伪造的 SYN 报文时，服务器端将产生大量的"半开连接"，消耗非常多的 CPU 和内存资源，结果导致服务器端计算机无法响应合法用户的请求。此时从正常客户的角度看来，服务器失去响应。对于 SYN 攻击，可以通过减少服务器端计算机 SYN+ACK 应答报文重发次数和等待时间进行一定程度上的防范，但对于高速度发来的 SYN 包，这种方法也效果有限。

（2）Land 攻击。

Land 攻击也是 DoS 与 DDoS 攻击中经常采用的一种攻击方法。在 Land 攻击中，发送给目标主机的 SYN 包中的源地址和目标地址都被设置成目标主机的 IP 地址，这将使目标主机向它自己的 IP 地址发送 SYN+ACK 消息，结果这个地址又发回 ACK 消息并创建一个空连接，每一个这样的连接都将保留直到超时。这样也会占用大量资源，严重时操作系统也会变得极其缓慢甚至崩溃。预防 Land 攻击的最好办法是通过配置防火墙，过滤掉从外部发来的却含有内部源 IP 地址的数据包。

（3）Smurf 攻击。

Smurf 是采用了放大效果的一种 DoS 攻击，这种攻击形式利用了 TCP/IP 中的定向广播特性，由攻击者向网络中的广播设备发送源地址假冒为被攻击者地址的 ICMP 响应请求数据包，由于广播的原因，网络上的所有收到这个数据包的计算机都会向被攻击者做出回应，从而导致受害者不堪重负而崩溃。为了防范这种攻击，最好关闭外部路由器或防火墙的地址广播功能。

还有一种 Fraggle 攻击原理和 Smurf 攻击原理相同，只不过使用的是 UDP 应答消息而不是 ICMP。可以通过在防火墙上过滤 UDP 应答消息实现对这种攻击的防范。

（4）UDP-Flood 攻击。

UDP-Flood 攻击也是利用 TCP/IP 服务进行，它利用了 Chargen 和 Echo 来回传送毫无用处的数据来占用所有的带宽。在攻击过程中，伪造与某一计算机的 Chargen 服务之间的一次 UDP 连接，而回复地址指向开着 Echo 服务的一台计算机，这样就生成在两台计算机之间的大量的无用数据流，如果数据流足够多，就会导致带宽完全被占用而拒绝提供服务。防范 UDP-Flood 攻击的办法是关掉不必要的 TCP/IP 服务，或者配置防火墙以阻断来自 Internet 的 UDP 服务请求。

【实现方法】

1. DoS 攻击实验

UDP Flooder 是一种采用 UDP-Flood 攻击方式的 DoS 软件，它可以向特定的 IP 地址和端口发送 UDP 包。如果只有一台攻击计算机对网络带宽的占用率影响不大，但攻击者数量很多时，对网络带宽的影响就不容忽视了。

（1）在攻击主机上打开 UDP Flooder 软件，如图 6-71 所示，设置目标主机的 IP 地址和端口号。

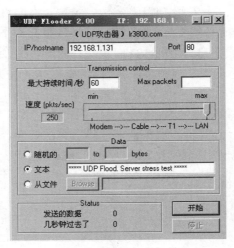

图 6-71　设置目标主机信息

（2）在 IP 地址为 192.168.1.131 的目标主机中可以查看收到的 UDP 数据包，下面首先对目标主机的系统监视器进行配置。单击"控制面板"→"管理工具"→"性能"菜单，打开系统监视器，如图 6-72 所示。

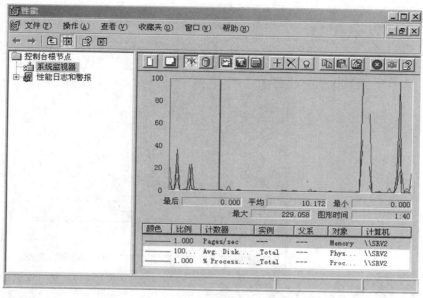

图 6-72　系统监视器

（3）在系统监视器中单击右侧图文框上面的"＋"按钮，弹出"添加计数器"对话框，如图 6-73 所示，在这个对话框中添加对 UDP 数据包的监视，在"性能对象"框中选择 UDP 协议，在"从列表选择计数器"中选择"Datagrams Received/sec"，对收到的 UDP 数据包进行计数，然后配置好保存此计数器信息的日志文件。

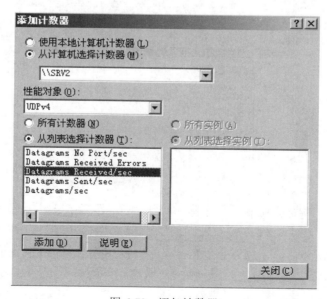

图 6-73　添加计数器

（4）当攻击主机发起 UDP-Flood 攻击时，在目标主机 192.168.1.131 的系统监视器中，可以查看系统监测到的 UDP 数据包信息。为了更好地观察图形的变化，可以先将其他的计数器删除，然后调节图形比例。选择计数器，在右键快捷菜单中单击"属性"命令，如图 6-74 所示。

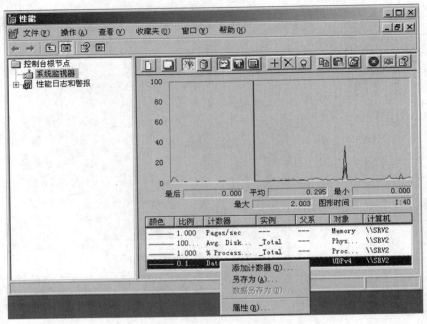

图 6-74　设置计数器属性

（5）弹出"系统监视器 属性"对话框，选择"数据"选项卡，在"计数器"栏中删除其他的计数器，并设置 UDPv4 计数器的图形比例为 10.0，如图 6-75 所示。

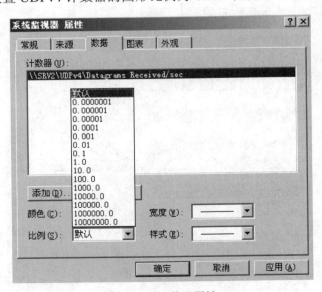

图 6-75　计数器属性

（6）回到系统监视器的窗口，在目标主机没有受到攻击时的计数器曲线如图 6-76 所示。

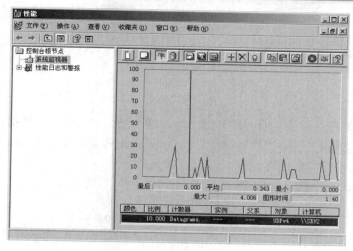

图 6-76　目标主机的系统监视器

（7）在攻击主机上打开 UDP Flooder，对目标主机发起 UDP-Flood 攻击。在目标主机的系统监视器窗口可以看到右半部分的凸起曲线，显示了 UDP-Flood 攻击从开始到结束的过程，如图 6-77 所示。

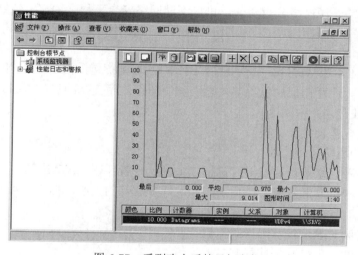

图 6-77　受到攻击后的目标主机

【思考与练习】

理论题

1. 什么是 DoS 攻击？常见的 DoS 攻击有哪些？
2. 如何对 DoS 攻击进行防范？

实训题

在局域网模拟实现 DoS 攻击。

任务 7 Wireshark 的使用

【任务描述】

Wireshark 是世界上最流行的网络分析工具。这个强大的工具可以捕捉网络中的数据，并为用户提供关于网络和上层协议的各种信息。与很多其他网络工具一样，Wireshark 也使用 Pcap Network Library 来进行封包捕捉。

Wireshark 的原名是 Ethereal，Wireshark 是 2006 年起用的。

【任务要求】

掌握 Wireshark 捕捉包、查看包、过滤包的方法。

【知识链接】

1. Wireshark 简介

网络包分析工具的主要作用是尝试捕获网络包，并尝试显示包的尽可能详细的情况。Wireshark 是很好的开源网络分析软件，可以帮助网络安全工程师用来解决网络问题和检测安全隐患，也可以帮助开发人员用来测试协议执行情况或用来学习网络协议。

2. Wireshark 的特性

（1）支持 UNIX 和 Windows 平台，在网络接口实时捕捉包，能详细显示包的详细协议信息。

（2）可以打开保存捕捉的包，导入导出其他捕捉程序支持的包数据格式，可以通过多种方式过滤包和查找包。

（3）可以创建多种统计分析。

3. Wireshark 捕获包的特性

（1）支持多种网络接口的捕捉，包括以太网、令牌环网、ATM 等。

（2）支持多种机制触发停止捕捉，例如，捕捉文件的大小，捕捉持续时间，捕捉到包的数量。

（3）捕捉时同时显示包解码详细信息。

（4）设置过滤，可以减少捕捉到包的容量。

（5）长时间捕捉时，可以设置生成多个文件。对于特别长时间的捕捉，可以设置捕捉文件大小阈值，设置仅保留最后的 N 个文件等。

【实现方法】

1. 使用 Wireshark 抓包

（1）安装 Wireshark 并打开程序，主界面如图 6-78 所示。

主菜单包括以下几个项目：

File：包含打开、合并捕捉文件，Save/保存，Print/打印，Export/导出捕捉文件的全部或部分，以及退出 Wireshark。

Edit：包含查找包，时间参考，标记一个或多个包，设置预设参数。

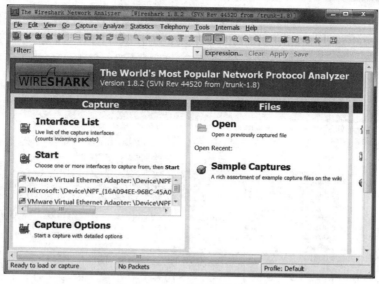

图6-78　Wireshark启动界面

View：包含控制捕捉数据的显示方式，包括颜色，字体缩放，将包显示在分离的窗口，展开或收缩详情面板的树状节点。

Capture：包含允许开始或停止捕捉、编辑过滤器。

Analyze：包含处理显示过滤，允许或禁止分析协议，配置用户指定解码和追踪TCP流等功能。

Statistics：包含用户显示多个统计窗口，关于捕捉包的摘要，协议层次统计等。

Help：包含一些辅助用户的参考内容。如访问一些基本的帮助文件，支持的协议列表，用户手册。

（2）必须拥有Root/Administrator特权才能使用Wireshark捕获网络包。Wireshark可以捕获主机上某一块网卡的网络包，当主机上有多块网卡时，需要选择一块网卡。单击"Capture"→"Interfaces"命令，出现如图6-79所示的对话框，选择正确的网卡，然后单击Start按钮。

图6-79　Wireshark:Capture Interfaces对话框

（3）Wireshark主窗口如图6-80所示。

Wireshark主窗口主要分为以下几部分：

①Display Filter：显示过滤器。使用Wireshark时会得到大量的冗余信息，在成千上万条记录中找到自己需要的部分很困难，过滤器会帮助使用者在大量的数据中迅速找到需要的部分。过滤器有两种，一种是显示过滤器（Display Filter），在捕捉结果中进行详细查找，可以

在得到捕捉结果后随意修改。显示过滤器允许用户在日志文件中迅速准确地找到所需要的记录。一种是捕获过滤器（Capture Filter），用于决定将什么样的信息记录在捕捉结果中。需要在开始捕捉前设置。捕捉过滤器是数据经过的第一层过滤器，它用于控制捕捉数据的数量，以避免产生过大的日志文件。

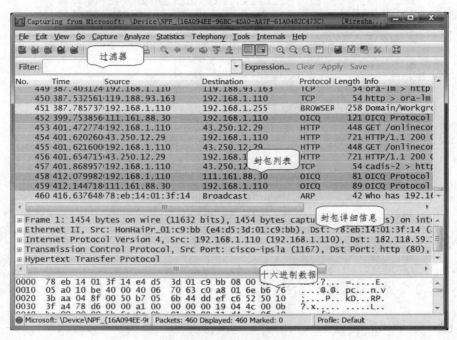

图 6-80　Wireshark 主窗口

在 Wireshark 的过滤规则框 Filter 中可输入过滤条件，下面介绍比较常用的。

- 过滤源 IP、目的 IP。在 Filter 中输入过滤条件。如查找目的地址为 192.168.101.8 的包，ip.dst==192.168.101.8；查找源地址 192.168.101.9 的包，ip.src==192.168.101.9。
- 端口过滤。如过滤 80 端口，在 Filter 中输入 tcp.port==80，这条规则是将源端口和目的端口为 80 的过滤出来。使用 tcp.dstport==80 只过滤目的端口为 80 的包，tcp.srcport==80 只过滤源端口为 80 的包；设置过滤端口范围 tcp.port >= 1 and tcp.port <= 80。
- 协议过滤。直接在 Filter 框中输入协议名即可。如果排除 arp 包，则输入!arp 或者 not arp。
- http 模式过滤。如过滤 get 包：http.request.method=="GET"，过滤 post 包：http.request.method=="POST"。
- 连接符 and 的使用。过滤两种条件时，可使用 and 连接。如过滤 IP 为 192.168.101.8 并且为 http 协议的：ip.src==192.168.101.8 and http。
- 过滤 MAC 地址。过滤目标 MAC：eth.src eq A0:00:00:04:C5:84；过滤来源 MAC：eth.dst==A0:00:00:04:C5:84。

选择"Capture"→"Capture Filters"命令，打开如图 6-81 所示的窗口，在此可以进行捕获过滤器的规则设置。

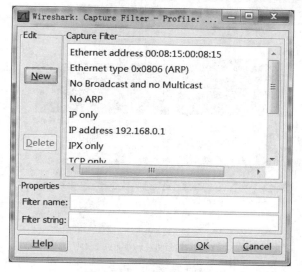

图 6-81　过滤器规则设置

下面是一些简单的例子。

- 显示目的 TCP 端口为 3128 的封包：tcp dst port 3128；
- 显示来源 IP 地址为 10.10.10.1 的封包：ip src host 10.10.10.1；
- 显示来源为 UDP 或 TCP，且端口号在 2000 至 2500 范围内的封包：src portrange 2000-2500；
- 显示除了 icmp 以外的所有封包：not imcp；
- 显示来源 IP 地址为 10.10.10.1，但目的地不是 10.20.20.0/16 的封包：src host 10.10.10.1 and not dst net 10.20.20.0/16；
- 显示来源 IP 为 10.10.10.1 或者来源网络为 10.20.0.0/16，目的地 TCP 端口号在 200 至 10000 之间，并且目的地位于网络 10.0.0.0/8 内的所有封包：(src host 10.10.10.1 or src net 10.20.0.0/16) and tcp dst portrange 200-10000 and dst net 10.0.0.0/8 ；
- 显示来源 IP 地址为 192.168.0.0/24 的封包：src net 192.168.0.0 mask 255.255.255.0 或 src net 192.168.0.0/24。

②Packet List Pane：封包列表。显示捕获到的封包，包括显示编号、时间戳、源地址、目的地址、协议、端口号、长度和封包信息。不同的协议用不同的颜色显示。默认情况下，绿色是 TCP 报文，蓝色是 UDP 报文，粉色是 ICMP 报文，黑色标示的是出问题的 TCP 报文，比如乱序报文。

如果想修改这些显示颜色的规则，可以打开"View"→"Coloring Rules"命令，如图 6-82 所示。

③Packet Details Pane：封包详细信息。显示封包中的字段，可以查看协议中的每一个字段。包含的主要信息如下：

Frame：物理层的数据帧概况。

Ethernet II：数据链路层以太网帧头部信息。

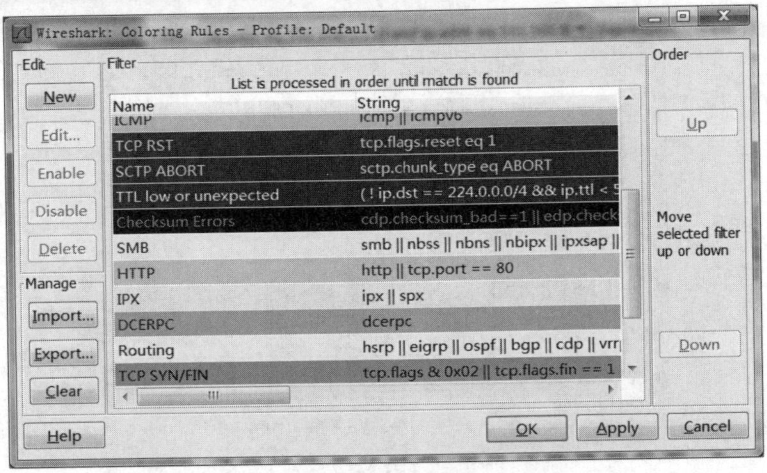

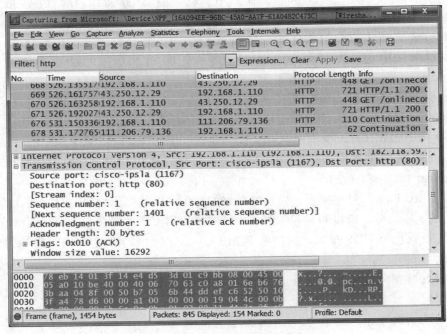

图 6-82　修改显示颜色的规则

Internet Protocol Version 4：互联网层 IP 包头部信息。

Transmission Control Protocol：传输层 T 的数据段头部信息。

Hypertext Transfer Protocol：应用层协议。

④Dissector Pane：以十六进制方式显示的相关信息。

Wireshark 捕获到的 TCP 数据包中的字段信息如图 6-83 所示。

图 6-83　TCP 包中的每个字段

2. 使用 Wireshark 进行 TCP 协议的三次握手抓包分析

TCP（Transmission Control Protocol，传输控制协议）是面向连接、提供可靠连接服务的传输层协议，采用三次握手确认建立一个连接。三次握手过程如图 6-84 所示。

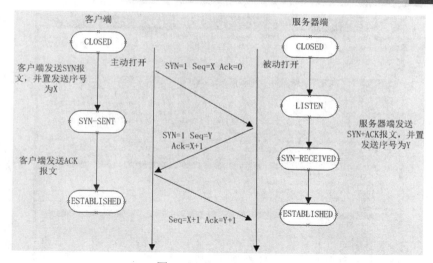

图 6-84　TCP 三次握手

TCP 标志位有 8 种：SYN（synchronous 建立联机）、ACK（acknowledgement 确认）、PSH（push 传送）、FIN（finish 结束）、RST（reset 重置）、URG（urgent 紧急）、Sequence number（顺序号码）及 Acknowledge number（确认号码）。

（1）打开 Wireshark，单击 Start a new live capture 按钮开始抓包，之后打开浏览器，在地址栏中输入某一个网站的网址。在 Wireshark 的过滤器 Filter 中输入：tcp.stream eq 0，得到与浏览器打开的网站相关的数据包，结果如图 6-85 所示。

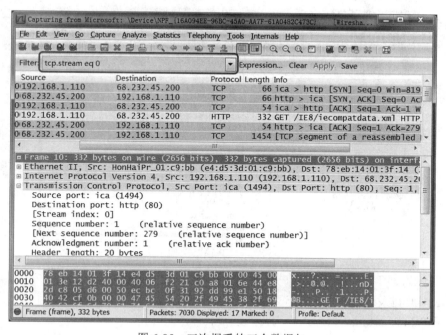

图 6-85　三次握手的三个数据包

（2）第一次握手的数据包：客户端发送一个 TCP 数据包，标志位为 SYN，序列号 Seq=0，代表客户端请求建立连接，如图 6-86 所示。

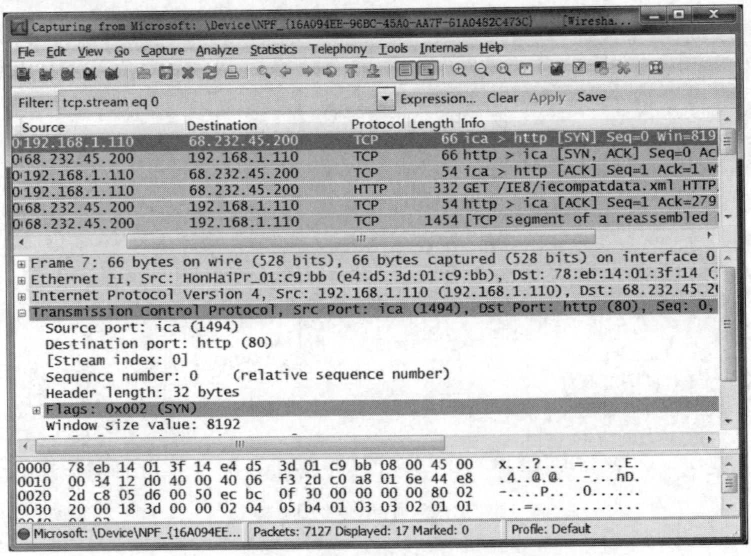

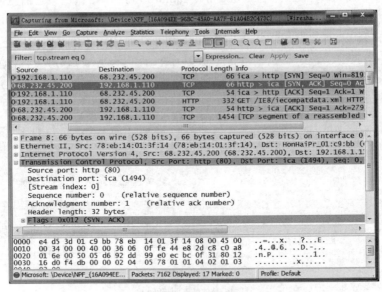

图 6-86　TCP 第一次握手

（3）第二次握手的数据包：服务器发回确认的数据包，标志位为 SYN、ACK，确认序号 Acknowledgement Number 设置为客户端的 Seq 加 1，如图 6-87 所示。

图 6-87　TCP 第二次握手

（4）第三次握手的数据包：客户端收到服务器的 SYN＋ACK 数据包后，向服务器端发送确认包 ACK，此包发送完毕，完成三次握手。客户端与服务器开始传送数据，如图 6-88 所示。

3. 使用 Wireshark 进行 UDP 协议的抓包分析

UDP 协议全称是用户数据报协议，在网络中它与 TCP 协议一样用于处理数据包，是一种无连接的协议，在 OSI 模型中的传输层，处于 IP 协议的上一层。UDP 不提供数据包分组、组装，不能对数据包进行排序，也就是说，当报文发送之后，是无法得知其是否安全完整到达的。

UDP 支持需要在计算机之间传输数据的网络应用，包括网络视频会议系统在内的众多的客户/服务器模式的网络应用都需要使用 UDP 协议。

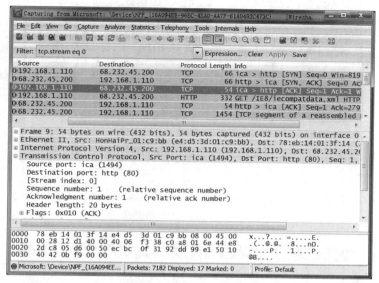

图 6-88　TCP 第三次握手

（1）抓取 UDP 包。

登录 OICQ，进行视频对话，OICQ 视频使用的是 UDP 协议，打开 Wireshark 进行抓包，如图 6-89 所示。

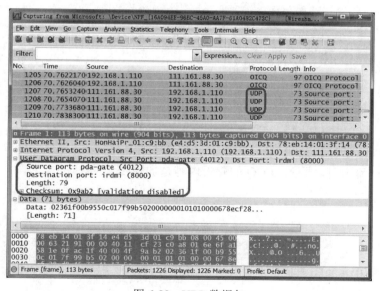

图 6-89　UDP 数据包

（2）追踪 UDP 数据包。

在右键的快捷菜单中选择 Follow UDP Stream 命令，追踪 UDP 数据流，如图 6-90 和图 6-91 所示。

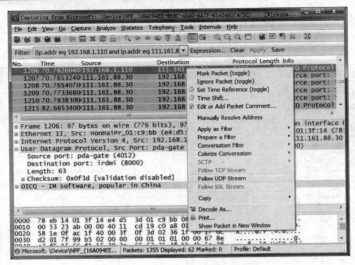

图 6-90　追踪 UDP 数据流

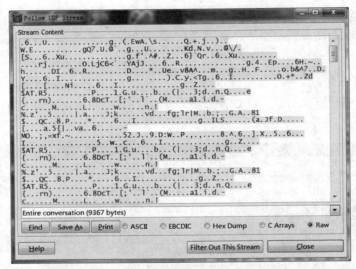

图 6-91　UDP 数据流

从 UDP 数据流中可以看到 OICQ 的聊天内容是加密传送的。

【思考与练习】

理论题

TCP 协议和 UDP 的区别是什么？

实训题

1. 使用 Wireshark 进行 TCP 协议的抓包分析。
2. 使用 Wireshark 进行 UDP 协议的抓包分析。

7

防火墙

项目导读

防火墙是内部网与公共网的连接设备，能根据企业的安全政策（允许、拒绝、监测）控制出入网络的信息，并且本身具有较强的抗攻击能力，是网络安全中常用的设备。通过安全策略，过滤不安全的服务，只有允许的服务或协议才能通过防火墙。目前常用的防火墙有硬件型，即所有数据首先都要通过硬件芯片监测，也有软件型的，即软件在计算机上运行并进行监控。其实硬件型也就是在芯片里固化了软件，不过不占用计算机 CPU 的处理时间，功能非常强大，处理速度很快。一般硬件型的防火墙用在网络出入口，软件型的个人用户可能用得更多些。本项目以神州数码 DCFW-1800 系列防火墙为例，防火墙软件版本为 4.5，结合高职院校技能大赛信息安全类比赛内容，把防火墙常用的一些内容通过项目任务的形式展示给大家。

教学目标

- 认识防火墙与搭建管理环境。
- 管理防火墙配置文件及版本升级。
- 配置防火墙的 SNAT。
- 配置防火墙的 DNAT。
- 防火墙的安全策略配置。
- 防火墙的 IP-MAC 绑定配置。
- 防火墙的 URL 和网页内容过滤。
- 防火墙的 IPSec VPN 配置。
- 防火墙的 SSL VPN 配置。
- 防火墙的双机热备。

任务1 认识防火墙及搭建配置环境

【任务描述】

为了熟练地掌握防火墙的使用，先认识一下防火墙，了解各接口区域及其作用。

当需要配置防火墙的时候，怎么进入配置环境呢？掌握常用的搭建配置环境的方法，一般常用的是通过 Console 端口连接管理和 Web 网页方式管理。

【任务要求】

了解防火墙的接口及作用。

掌握通过 Console 端口管理环境。

掌握 Web 网页方式管理防火墙。

【知识链接】

1. 设备的配置文件

一般能配置的设备都有自己单独的系统和存储器，每次启动都会先启动系统，再加载配置文件。

防火墙设备的基本存储组件如下：

NVRAM——非易失性存储器，即掉电内容不丢失，这里一般存储设备的启动配置文件，也就是默认的配置文件，如 start-config 文件。

SDRAM——同步动态随机存储器，它是掉电丢失的，这里通常保存着当前正在运行的配置文件等临时数据，如 run-config 文件。

BootROM——启动只读存储器，这里通常存放启动程序和自检程序，里面的内容不可写，只可读，可以用于异常错误的恢复等操作。

Flash——闪存内存，它的内容也是掉电不丢失的，通常用来存放设备的系统文件，如交换机的 nos.img 或*.bin。

设备的启动过程如下：硬件加电自检后，开始软件初始化工作。通过引导程序寻找并载入操作系统，系统加载完毕后，会自动寻找默认的 start-config 文件，正常进入到用户模式，如果没有找到，则会进入到设备初始配置。特殊情况系统文件等都被误删，需要重新上传系统文件。

2. 管理设备方式

通常管理设备的方式有很多种，常见的有通过 Console 端口、Web 网页、Telnet、SSH 客户端软件等，一般能配置的设备如交换机、路由器、防火墙等，都可以通过 Console 端口配置，通过配置线与计算机的串口（com 接口）连接，这是最常用的方法，需要在设备前配置，是比较安全的配置方式。目前有很多设备也提供 Web 网页方式来配置，这些设备出厂前都固化了一个局域网 IP 地址，通过默认的账号访问 Web 网页来配置，和大家生活中用到的无线路由器配置类似，相对其他方法简单很多，防火墙用这种方式比较普遍。Telnet 和 SSH 客户端方式是通过网络来访问并配置设备，这个也需要设备有 IP 地址，没有的话需要配置一个，为了设备安全性，这个一般用得不多。

【实现方法】

1. 了解防火墙的接口及作用

（1）图 7-1 是神州数码的各种防火墙设备，从左到右，黄色的 4 个显示灯分别代表电源、状态、警告、HA 指示灯，旁边标识 Console 字样的接口是控制台接口，其他的是以太网接口，有些带有扩展接口，可以接入光纤模块。部分设备也有 USB 接口，可以连接 USB 设备。

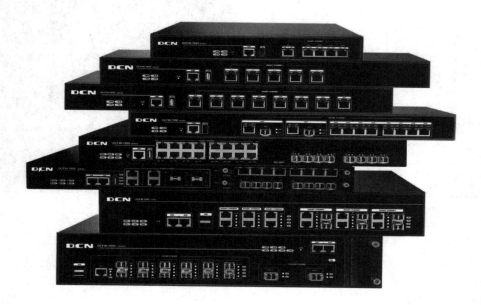

图 7-1　防火墙外观

（2）使用设备自带的配置线将防火墙与计算机的串行接口连接，如图 7-2 所示。通过 Console 连接可以管理各种网络设备，具体操作后面讲述。

Console

图 7-2　电脑连接 Console 端口

2. 通过 Console 端口管理环境

（1）如图 7-2 所示通过 Console 端口连接防火墙，网线部分可以不连接，连接好后打开超级终端，如图 7-3 所示，Win7 没有自带，可以从网上下载绿色版的超级终端程序。

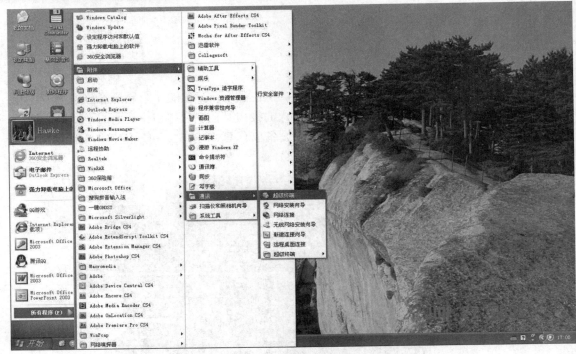

图 7-3　"超级终端"程序

其他设置与连接交换机和路由器一致，这里就不再赘述。

（2）连接好防火墙后，超级终端会有以下提示。

Login：

DSFW-1800 系列防火墙默认的管理员用户名 admin，密码 admin，按提示输入即可。用户名 admin 是不可修改或删除的，密码可以修改。

（3）输入管理员用户账号和密码，可以进入防火墙的特权模式，该模式的提示符如下所示，包含一个#字符号：

DSFW-1800#

（4）在特权模式下，输入 configure 命令，可进入全局配置模式，提示符如下所示：

DSFW-1800(config)#

DSFW-1800 系列防火墙的很多命令类似交换机和路由器的命令，具体可以参考配置手册。由于防火墙的安全策略比较复杂，通过命令方式管理难度很高，因此这个方法用在防火墙上不多，当 Web 方式不能管理的时候可能采取此方法。

3．通过 Web 网页方式管理防火墙

初次使用防火墙时，用户可以通过 E0/0 接口访问防火墙的 Web 页面。

在浏览器里输入默认的 IP 地址 http://192.168.1.1 并按回车键，系统 Web 页面登录界面如图 7-4 所示。

输入默认账户 admin 和密码 admin 登录防火墙后，在这里即可展开对防火墙的设置。如果防火墙配有公网 IP 地址，也可以在外网管理防火墙，配置端口 IP 地址如图 7-5 所示，本章任务是以 Web 方式管理防火墙为基础讲述的。

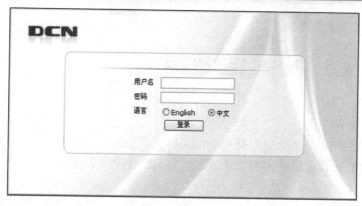

图 7-4　防火墙登录页面

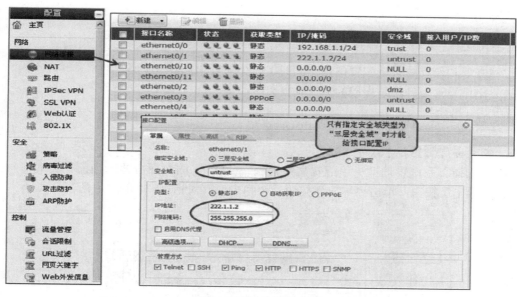

图 7-5　配置接口 IP 地址

【思考与练习】

理论题

1. 防火墙与交换机、路由器的区别是什么？
2. 了解防火墙的默认配置信息。

实训题

1. 观察防火墙有哪些端口，了解每个端口的作用。
2. 通过 Console 和 Web 方式连接防火墙。
3. 通过防火墙配置手册或使用手册掌握 Telnet 和 SSH 方式登录。
4. 设置管理 IP 地址，和 192.168.1.1 有什么区别？

任务 2 管理防火墙配置文件及版本升级

【任务描述】

DCFW-1800 系列防火墙的配置信息都被保存在系统的配置文件中。用户通过运行相应的命令或者访问 Web 页面查看防火墙的各种配置信息，例如，防火墙的初始配置信息和当前配置信息等。

随着设备的升级换代，防火墙的核心系统需要更新，以适应当前网络的应用，为了获得最佳性能，可以对防火墙系统软件进行升级。升级前最好备份下原来的系统，升级过程中最好不要断电。

【任务要求】

掌握查看和保存防火墙配置信息，同时了解如何导出和导入配置文件。

恢复出厂设置及升级防火墙的系统软件。

【实现方法】

1. 查看当前配置和导入导出配置

（1）选择"系统管理"→"配置文件管理"，在打开的页面会显示当前的配置信息。右上角有 "导出"按钮，单击"导出"按钮，会弹出保存对话框，如图 7-6 所示。

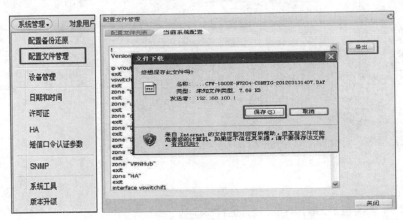

图 7-6 防火墙配置页面

（2）单击"保存"按钮，在"另存为"对话框里选择合适的路径和文件名，如图 7-7 所示。

这样防火墙的当前配置文件就可以保存在本地，文件后缀为 DAT，可以用写字板打开，记事本打开不会分行，看起来比较麻烦。

（3）导入配置，依次打开"系统管理"→"配置备份还原"，选择恢复系统配置，单击"下一步"按钮，选择从本地上传系统配置文件，单击"浏览"按钮选择文件，并单击"下一步"按钮，如图 7-8 所示。

图 7-7　防火墙另存为对话框

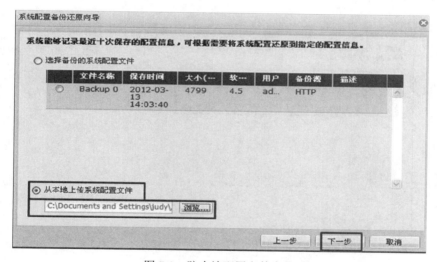

图 7-8　防火墙配置文件上传

　　系统默认选择"是"，立即重新启动设备，单击"完成"按钮。此时设备会重启，启动后便恢复了配置。

　　2. 恢复出厂设置及升级防火墙的系统软件

　　（1）将防火墙配置恢复到出厂。一般有 3 种方法，第一种方法是使用设备上的物理按钮使系统恢复到出厂配置，用户可以使用设备上的 CRL 孔使系统恢复到出厂配置（设备断电，按住 CRL 孔，直到 stat 灯和 alarm 灯同时变为红色约 15 秒钟，后松开手即可）。第二种方法是在命令行特权模式下，使用命令 unset all。第三种方法是打开"系统管理"→"配置备份还原"，在向导中选择"恢复出厂设置"后单击"下一步"按钮，如图 7-9 所示。重启后即可恢复出厂。

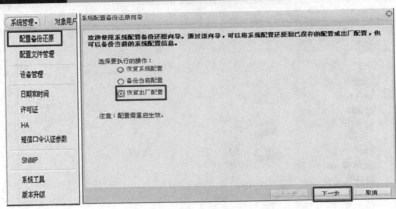

图 7-9　防火墙恢复出厂配置

（2）防火墙系统软件升级。防火墙可以通过命令行模式下 TFTP、FTP 方式升级，本任务中通过 Web 方式进行升级。

打开"系统管理"→"系统升级"，系统默认选择升级到最新的软件版本，单击"下一步"按钮，在上传新的软件版本处浏览本地选择要升级的版本（系统最多保存两个系统软件供用户选择），如图 7-10 所示。

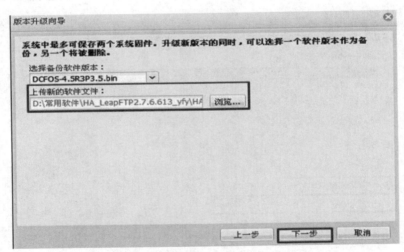

图 7-10　防火墙系统软件升级界面

在图 7-10 中，单击"下一步"按钮，选择重新启动设备，系统重新启动时会加载新上传的版本文件。

【思考与练习】

实训题

1. 小张最近刚接受设备管理工作，大家都不知道防火墙的管理密码，怎么解决？

2. 首先将防火墙的当前配置保存到本地计算机，然后将防火墙恢复到出厂配置，最后将之前的本地配置导入到防火墙中，并启动配置文件。

任务 3　配置防火墙的 SNAT

【任务描述】

由于 IPv4 地址的稀缺，一般公司或单位从运营商获取的公网地址比较少，或者有时候需要共享上网。在这种条件下，就需要配置 SNAT，即源地址转换。平常大家通过网关上网就是其中的一个应用，网关将内网的地址转换为一个合法的公网地址，通过共用这个公网地址来上网。

【任务要求】

考虑到公网 IP 地址有限，不可能达到给每台计算机都配置公网地址访问外网，从而可以通过一个或少量公网 IP 地址来满足内网上网问题。平常家里通过路由器共享上网也是类似的一个应用。

【实现方法】

如图 7-11 所示，防火墙 E0/4 连接外网，主机 Server 代表外网的一台服务器，PC 代表内网的计算机，网关为防火墙的 E0/1，使内网 10.1.1.0/24 网段可以访问 Internet。

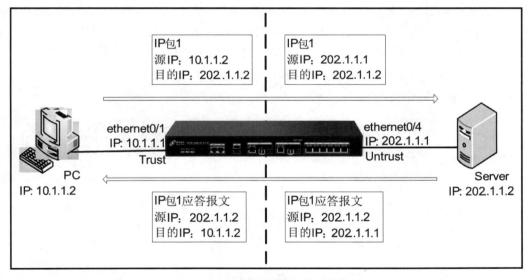

图 7-11　源地址转换拓扑结构图

1. 配置内外网的接口

（1）配置外网接口 E0/4。参考前面的任务，通过 Web 方式登录防火墙，配置外网接口 E0/4，本任务更改地址为 202.1.1.1。登录后打开"网络"→"网络接口"界面，选择接口 E0/4 并单击上面的编辑项，进入到如图 7-12 所示的界面，安全域类型为三层安全域，安全域为 untrust，静态 IP 为 202.1.1.1，子网掩码为 255.255.255.0（24 位）。

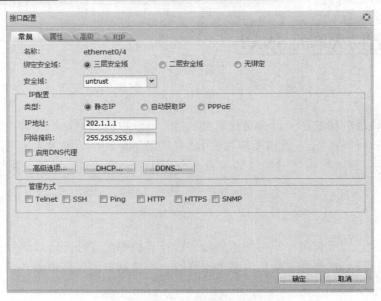

图 7-12　防火墙接口配置图

（2）配置内网接口 E0/1。参考上面的内容，过程一样。安全域类型为三层安全域，安全域为 trust，静态 IP 为 10.1.1.1，子网掩码为 255.255.255.0（24 位）。

2. 配置路由

添加到外网的路由，打开"网络"→"路由"→"目的路由"界面，单击左上角新建路由条目命令，添加下一跳路由，如图 7-13 所示，目的 IP 为 0.0.0.0 代表所有网段，0 子网掩码代表所有子网掩码。下一跳地址可以是直连路由器的 IP 地址或自己出外网的端口 E0/4。

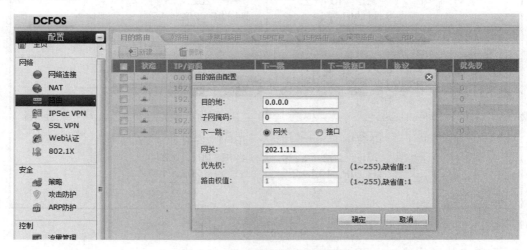

图 7-13　防火墙目的路由配置图

3. 配置源 NAT 策略

打开"网络"→"NAT"→"源 NAT"界面，单击"新建"按钮，配置如图 7-14 所示。源地址和目的地址都选 Any 地址条目，代表任何地址，出接口选外网接口 E0/4，转换为出接口 IP，设置好后单击"确认"按钮。

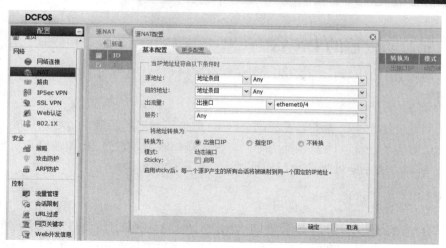

图 7-14　防火墙源 NAT 配置图

4．添加安全策略

打开"安全"→"策略"界面，单击"新建"扫钮，策略基本配置中按如图 7-15 所示配置，从 trust 到 unstrust，服务簿为 Any，允许通过任何服务。如果对服务有限制或对配置项有更多的要求，可以再详细配置。

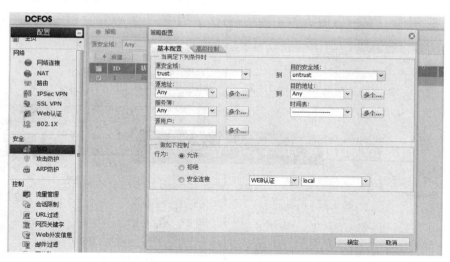

图 7-15　防火墙策略配置图

【思考与练习】

实训题

1．防火墙内网口处接了一台神州数码三层交换机 6808，三层交换机上设置几个网段都可以通过防火墙来访问外网。

2．如果在配置 SANT 后，只允许用户在内网从早 9 点到晚上 18 点浏览网页，其他时间不做任何限制，如何来实现？

任务 4 配置防火墙的 DNAT

【任务描述】

由于公网地址比较少，服务器需要的公网 IP 地址不够用的时候，需要通过映射来解决服务器对外提供服务的功能。映射包括两种，一种为端口映射，通过 IP 和端口来访问服务器，另一种是 IP 映射，将私有地址和公网地址进行一对一的映射。

【任务要求】

如果只有一个公网 IP 地址，配置在防火墙的对外端口 E0/4 上，现在有一台服务器需要对外提供服务，此时可以通过在防火墙上配置 DNAT，将数据包在防火墙上进行目的地址转换，让外网用户访问到该服务器。

【实现方法】

如图 7-16 所示，防火墙 E0/4 连接外网，主机 Server 代表内网的一台服务器，PC 代表外网的计算机。怎么通过 DNAT 使外网 PC 可以访问服务器 Server 的 Web 服务呢？

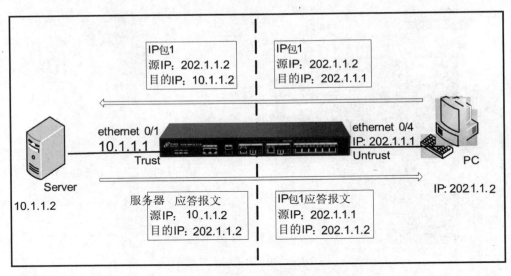

图 7-16 目的地址转换拓扑结构图

1. 配置准备工作，设置地址簿、服务簿

打开防火墙主页面右上角"对象用户"→"地址簿"界面，在地址簿页面上单击新建地址簿，按图 7-17 所示配置，地址名称 webserver，作为服务器的标识。在成员列表项后面单"添加"按钮，添加地址成员，本任务是 server 地址，即 10.1.1.2/24。设置好单击"确定"按钮。

添加好地址簿后，继续添加服务簿，在"对象用户"→"服务簿"界面。防火墙自带一些预定义服务，如果没有需要的服务，可以自定义，打开自定义页面，单击"新建"按钮，如图 7-18 所示设置。

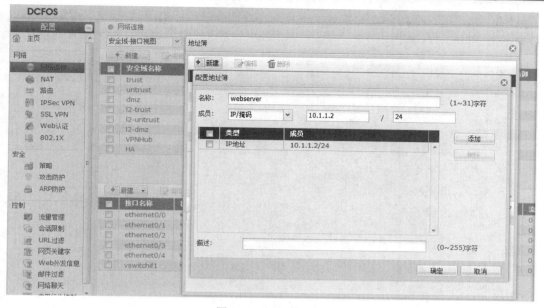

图 7-17　添加地址簿

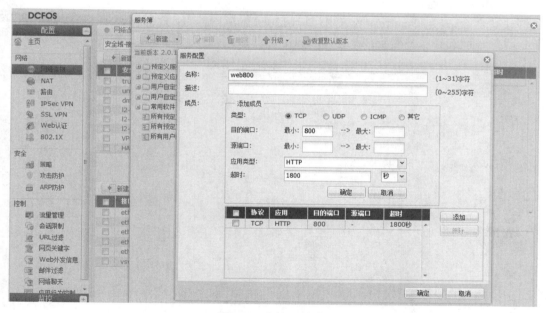

图 7-18　添加服务簿

2. 创建目的 NAT

　　配置目的 NAT，为内网的 Server 映射 Web 服务，即 HTTP 服务，默认是占用 TCP80 端口的，在前面添加服务簿的时候已经选择了访问端口，如本任务选用的 800 端口，那么访问的时候用的是 http://202.1.1.1:800。打开防火墙"网络"→"NAT"目的 NAT 界面，单击"新建"按钮，选择端口映射，打开端口配置页面，目的地址选择外网的端口地址，这里是 E0/4，服务选择刚才自定义的服务 web800，映射地址为前面新建的地址簿 webserver 地址，其端口为

80，具体设置如图 7-19 所示。配置过程中目的地址和映射地址的子网掩码长度最好一样，不然会提示错误。

图 7-19　目的 NAT 端口映射

3．创建安全策略

创建安全策略，允许 untrust 区域用户访问 trust 区域内的 server 的 web 服务，具体如图 7-20 所示。目的地址选择服务器 server 连接防火墙的端口。

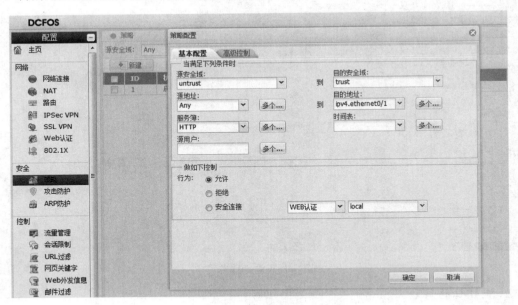

图 7-20　安全策略配置

4．测试

配置完成后在一台联网的内网 PC 或外网 PC 上打开浏览器，地址栏上输入 http://202.1.1.1:800，能够打开网页即表示配置成功（Server 上需要有相应的 Web 服务）。其他服务如 FTP 等，方法一样。

【思考与练习】

　　实训题

　　1．在内网架设一台 Web 服务器，使用防火墙将该服务器映射到公网，映射端口为 8888，使内、外网用户可以通过公网地址的 8888 端口访问该服务器。

　　2．怎么实现用公网的地址访问内网的服务器，不加端口直接访问？

　　3．内网有一台 FTP 服务器，使用防火墙外网口地址将其映射到外网，映射端口为 2121，请思考该功能如何实现。

任务 5　防火墙的安全策略配置

【任务描述】

　　策略是网络安全设备的基本功能。默认情况下，安全设备会拒绝设备上所有安全域之间的信息传输。而策略则通过策略规则（Policy Rule）决定从一个安全域到另一个安全域的哪些流量被允许，哪些流量被拒绝。让网络在通畅的情况下，保证网络的安全性。

【任务要求】

　　一般的策略包括四个部分，通过数据的流向来理解，第一部分是安全策略的方向，从哪个安全域到哪个安全域，如 trust 到 untrust。第二部分是网络层信息，源自哪个 IP 段，去哪个 IP 段，如从 10.1.1.0/24 到 any。第三部分是服务信息，有什么样的服务，如 HTTP、FTP、BT 等。第四部分就是采取的动作，是拒绝还是允许上面的服务。通过策略的设置，让防火墙起到基本的防护功能。

【知识链接】

　　1．安全域

　　传统的防火墙的策略配置通常都是围绕报文入接口、出接口展开的，这在早期的双穴防火墙中还比较普遍。随着防火墙的不断发展，已经逐渐摆脱了只连接外网和内网的角色，出现了内网/外网/DMZ（Demilitarized Zone，非军事区）的模式，并且向着提供高端口密度的方向发展。一台高端防火墙通常能够提供十几个以上的物理接口，同时连接多个逻辑网段。在这种组网环境中，传统基于接口的策略配置方式需要为每一个接口配置安全策略，给网络管理员带来了极大的负担，安全策略的维护工作量成倍增加，从而也增加了因为配置而引入安全风险的概率。和传统防火墙基于接口的策略配置方式不同，业界主流防火墙通过围绕安全域（Security Zone）来配置安全策略的方式解决上述问题。所谓安全域是指同一环境内有相同的安全保护需求、相互信任并具有相同的安全访问控制盒边界控制策略的网络或系统。防火墙分两大类的安全域类型：三层安全域和二层安全域。根据需要分三个区域，外网属于 untrust 安全域，内网是 trust 安全域，服务器可以放到 dmz 安全域，这样管理员之需要部署这两个域之间的安全策略即可。同时如果后续网络变化，只需要调整相关域内的接口，而安全策略不需要修改。可见，通过引入安全域的概念，不但简化了策略的维护复杂度，同时也将网络业务和安全业务分离。

2．安全策略

安全策略是通过策略规则（Policy Rule）决定从一个安全域到另一个安全域的一个通行证，允许通行的才可以通过。安全策略一般分如下两种：

域间策略：域间策略对安全域间的流量进行控制可通过设置域间策略来拒绝、允许从一个安全域到另一个安全域的流量。

域内策略：安全域内策略对绑定到同一个安全域的接口间流量进行控制。源地址和目的地址都在同一个安全域中，但是通过安全网关的不同接口到达。

策略规则分为两部分：过滤条件和行为。安全域间流量的源地址、目的地址、服务类型以及角色构成策略规则的过滤条件。对于匹配过滤条件的流量可以制定处理行为，如 permit 或 deny 等。

具体配置安全策略过程如图 7-21 所示。

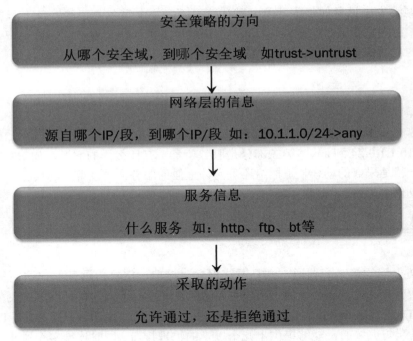

图 7-21　安全策略流程图

【实现方法】

1．新建安全域，分配端口

打开"网络"→"网络连接"中的安全域-接口视图，新建相应的三个安全域，防火墙已经提前设置好，这里新建一个 VPN 安全域，选择接口 E0/4 加入到 VPN 安全域中，也可以在接口配置页面中把接口加入到相应的安全域中。具体操作如图 7-22 所示。

图 7-22　安全域配置

2．设置各区域的攻击防护功能

打开"安全"→"攻击防护"界面，为三个安全域分别设置防护项，一般内网 trust 可以少启用一点防护，外网 untrust 区域可以全部启用，如图 7-23 所示。

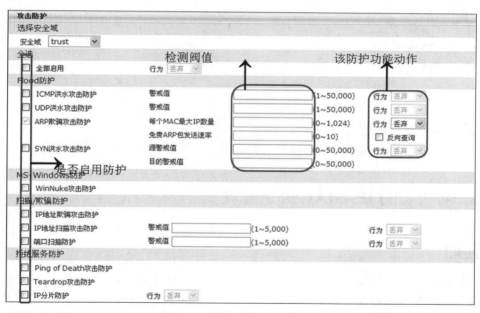

图 7-23　安全域攻击防护设置

3．设置安全策略

打开"防火墙"→"策略"界面，单击"新建"按钮，策略基本配置中按如图 7-24 所示配置，从 trust 安全域里的 any 地址到 untrust 安全域里的 any 地址访问，服务簿为 any，允许通过 any 服务，没有任何限制。依次可以类似地设置 untrust 安全域到 trust 安全域，trust 安全域到 trust 安全域之间的三条安全策略。

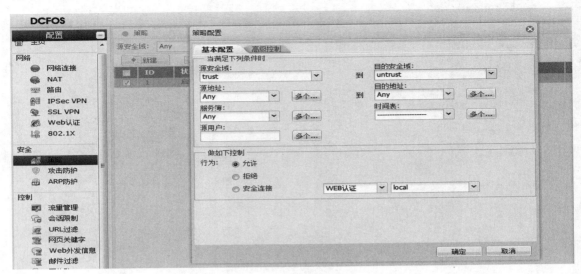

图 7-24　防火墙策略配置图

【思考与练习】

理论题

1. 安全策略由哪几部分组成？
2. 安全策略执行的顺序是什么？

实训题

1. 检查防火墙的现有安全策略。
2. 假如有一台 Web 服务器，放入哪个安全域？请详细设置，保证服务器安全。

任务 6　防火墙的 IP–MAC 绑定配置

【任务描述】

为了加强网络安全控制，DCFW-1800 系列防火墙支持 IP-MAC 地址绑定、MAC-端口绑定。这些绑定信息分为静态和动态两种。通过 ARP 学习功能、ARP 扫描功能和 MAC 地址学习功能获得的绑定信息为动态绑定信息，而手工配置的绑定信息为静态信息。

【任务要求】

手工将内网某 IP 和 MAC 绑定到防火墙上。

设置防火墙自动扫描内网某 IP 网段，然后将扫描的 ARP 信息全部进行绑定。

【实现方法】

1. 手工绑定 IP-MAC 信息

打开"安全"→"ARP 防护"界面，在右侧的 IP-MAC 列表中可以看到防火墙自己学习的 ARP 信息，将 192.168.1.66 的 ARP 信息手工绑定在防火墙上，双击后，勾选绑定 IP 即可，如图 7-25 所示。关于 ARP 认证，绑定 ARP 时默认开启。该 ARP 认证功能通过在客户端上安装 ARP 客户端来起到对防范 ARP 欺骗及 ARP 攻击的作用。

图 7-25　IP-MAC 绑定列表

如果此时防火墙并未学习到该 IP 的 ARP 信息，则可以手工输入 IP 和 MAC 地址的方式来绑定。在 IP-MAC 列表中单击添加 IP-MAC 地址，按图 7-26 所示输入。

图 7-26　手工输入 IP 地址和绑定的 MAC 地址

2. 在防火墙上自动扫描地址范围

打开"防火墙"→"二层防护"→"静态绑定"界面，单击"扫描添加 IP-MAC 绑定"命令，输入要扫描的地址范围，如 192.168.1.1～192.168.1.254，单击确定，开始扫描，如图 7-27 所示。

3. 将扫描后的 MAC 信息全部做绑定

防火墙扫描后会将学习到的 ARP 信息显示在列表里，如图 7-28 所示。

此时只要单击"绑定所有配置"菜单，防火墙就会将扫描的 ARP 信息全部绑定在防火墙上，具体操作如图 7-28 所示。

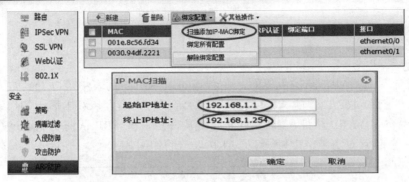

图 7-27　自动扫描 IP 和 MAC 地址

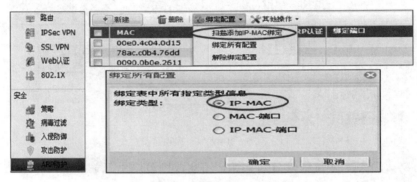

图 7-28　全部绑定 MAC 界面

说明：使用 IP-MAC 地址绑定功能并不能实现绑定后的 IP-MAC 可以上网，未绑定的无法访问外网。如果仅允许 IP-MAC 静态绑定的主机上网，在接口配置模式下，输入以下命令：arp-disable-dynamic-entry。

【思考与练习】

实训题

1．将内网所有 IP 的 ARP 信息绑定到防火墙上后，关闭内网接口的 ARP 自学习功能，此时新接入的计算机无法访问外网，请实验确认。

2．在防火墙绑定好本台电脑的 MAC 地址后，将本台计算机 IP 地址修改成其他的 IP 地址，是否能够上网？如果可以，如何避免？你可以想到几种方法。

任务 7　防火墙的 URL 和网页内容过滤

【任务描述】

通过使用DCFW-1800系列防火墙的内容过滤功能，设备可以控制用户所获取的信息内容，对匹配内容过滤规则的信息内容进行阻断或监控。

【任务要求】

限制内网用户访问 www.baidu.com。

限制内网用户访问 URL 中带有 baidu 关键字的所有网站。

如何针对网页中包含的关键字进行过滤？针对要访问的网页，如果包含一次或一次以上的"黄秋生"字样，则将该网页过滤掉，不允许用户访问。

【实现方法】

1. 限制内网用户访问 www.baidu.com

手工设置自定义 URL 库，打开"控制"→"URL 过滤"，在右侧任务栏单击"自定义 URL 库"，新建类型名称不妨用"www.baidu.com"表示，将要过滤的网站 URL 添加到该自定义库中即可。

图 7-29　自定义 URL 库

设置 URL 过滤规则，打开"控制"→"URL 过滤"，单击"新建 URL"新建规则，名称不妨用"限制 www.baidu.com"，选择目的安全域（外网接口所属安全域），在 URL 类型中勾选刚自定义好的 URL 库，并设置阻止访问和记录日志。具体如图 7-30 所示。

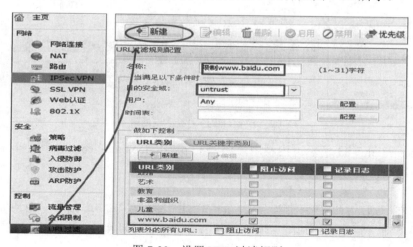

图 7-30　设置 URL 过滤规则

测试验证，内网用户在访问 www.baidu.com 首页时便会提示访问被拒绝，但是在访问 baidu 的其他二级网站时则不受限制。如正常可以访问 http://zhidao.baidu.com。

2. 限制内网用户访问 URL 中带有 baidu 关键字的所有网站

设置关键字类别，在"控制"→"URL 过滤"中，在右侧任务栏单击"新建关键字类别"，类别名称不妨用"baidu"，并在该规则中添加要限制的 URL 中包含的关键字 baidu 即可。

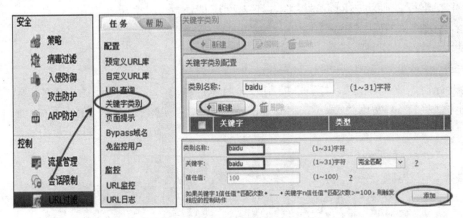

图 7-31　设置关键字类别

设置 URL 过滤规则，打开"控制"→"URL 过滤"，单击"新建 URL"新建规则，名称不妨用"限制 baidu"，选择目的安全域（外网接口所属安全域），在 URL 关键字类型中勾选刚自定义好的关键字类别，并设置阻止访问和记录日志，如图 7-32 所示。

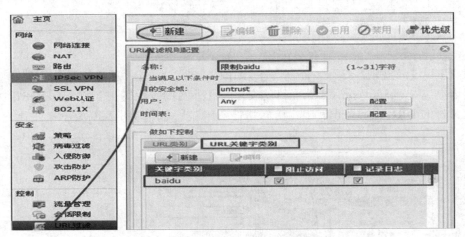

图 7-32　设置 URL 关键字过滤规则

测试验证，如图 7-33 所示，内网用户访问 http://zhidao.baidu.com 及其他 baidu 二级网站时便会提示访问被拒绝。

3. 网页内容过滤

设置关键字类别，打开"控制"→"URL 过滤"→"关键字类别"界面，创建一个名为"黄秋生"的类别，并在该规则中添加要限制的关键字"黄秋生"，单击"添加"按钮即可，如图 7-34 所示。

图 7-33 验证 URL 关键字过滤

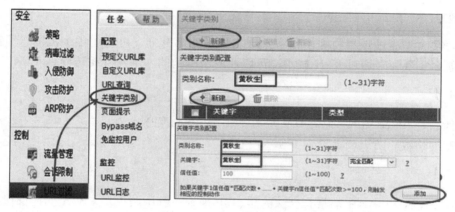

图 7-34 设置关键字类别

设置网页关键字过滤规则，打开"控制"→"网页关键字"界面，单击"新建网页关键字"过滤规则，名称不妨用"限制网页关键字过滤黄秋生"，选择目的安全域（外网接口所属安全域），在关键字类别中勾选刚自定义好的关键字类别，并设置阻止访问和记录日志，如图7-35 所示。

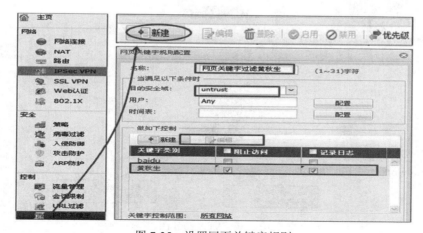

图 7-35 设置网页关键字规则

验证测试，在浏览器里打开百度搜索，在搜索栏输入"黄秋生"，单击"百度一下"按钮，因为要访问的网页包含了一次或一次以上的"黄秋生"字样，所以不能访问到该网页。

【思考与练习】

实训题

如果访问的网页中有春、秋、冬这 3 个字，但是 3 个字没有连续出现，这种情况是否将网页过滤？

任务 8　防火墙的 IPSec VPN

【任务描述】

现在很多大型企业或单位在全国各地或世界各地都有分支机构，各个机构想通过局域网来访问，怎么实现呢？通过 VPN 技术，可以使各个结构的内部网互相访问。

【任务要求】

了解什么是 IPSec VPN，它在什么环境下使用 IPSec VPN。
掌握在神州数码防火墙上设置 IPSec VPN。

【实现方法】

防火墙 FW-A 和 FW-B 都具有合法的静态 IP 地址，其中防火墙 FW-A 的内部保护子网为 192.168.10.0/24，防火墙 FW-B 的内部保护子网为 192.168.100.0/24。要求在 FW-A 与 FW-B 之间创建 IPSec VPN，使两端的保护子网能通过 VPN 隧道互相访问，如图 7-36 所示。

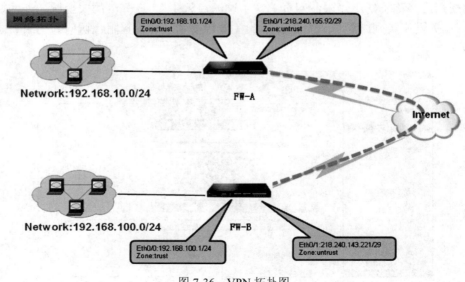

图 7-36　VPN 拓扑图

先配置 FW-A 防火墙，本案例采用"预共享密钥认证"机制，大概分成七个步骤：

第一步，创建 IKE 第一阶段提议。

第二步，创建 IKE 第二阶段提议。

第三步，创建 VPN 对端。

第四步，创建 IPSec 隧道。

第五步，创建隧道接口，指定安全域，并将创建好的隧道绑定到接口。

第六步，添加隧道路由。

第七步，添加安全策略。

下面具体来讲解操作步骤。

1. 创建 IKE 第一阶段提议

定义 IKE 第一阶段的协商内容，两台防火墙的 IKE 第一阶段协商内容需要一致。提议名称为 P1，其他可以按默认设置，具体如图 7-37 所示。

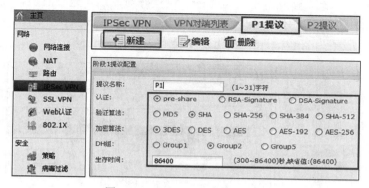

图 7-37　VPN-IKE P1 提议阶段

2. 创建 IKE 第二阶段提议

定义 IKE 第二阶段的协商内容，两台防火墙的第二阶段协商内容需要一致，提议名称为 P2。具体如图 7-38 所示。

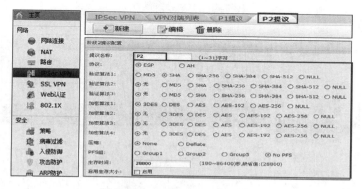

图 7-38　VPN-IKE P2 提议阶段

3. 创建 VPN 对端

创建 VPN 对端，并定义相关参数，设置名称，出口接口，对端 FW-B 的 IP 地址，及提议与共享密码，这里密码设置为 123456，如图 7-39 所示。

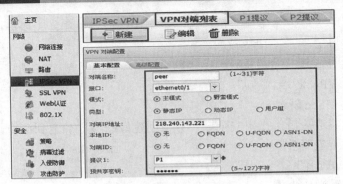

图 7-39　VPN 对端设置

4.　创建 IPSec 隧道

依次打开"网络"→"IPSec VPN"界面，单击新建 IKE VPN 列表，如图 7-40 所示，单击"导入"按钮后选择原来建立好的对端 peer。设置好对端后，建立隧道，设置名称，提议名称为 P2，代理 ID 为手工，本地 IP 地址和掩码为 192.168.10.0/24，远程 IP 地址和掩码为 192.168.100.0/24，服务为 Any。具体如图 7-41 所示。

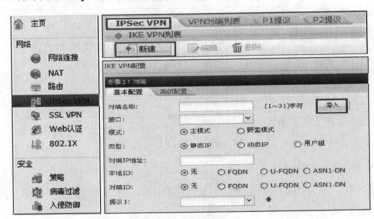

图 7-40　IPSec 对端配置

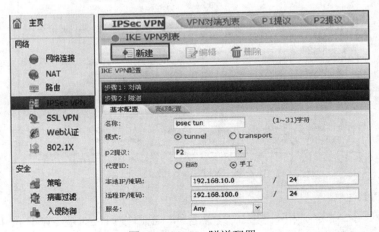

图 7-41　IPSec 隧道配置

5. 创建隧道接口，指定安全域，并将创建好的隧道绑定到接口

创建隧道接口，绑定三层安全域，并将创建好的 IPSec 隧道与其绑定。

打开"网络"→"网络连接"界面，单击"新建"按钮，选择隧道接口，接口基本配置页面如图 7-42 所示，接口名选 1，安全域 untrust，隧道 IP 配置为 1.1.1.1，另一个防火墙的 IP 配置可以配置为 1.1.1.2，必须为同一个网段，隧道类型 IPSec VPN，名称为选择前面设置的名称，设置好后单击"确定"按钮。

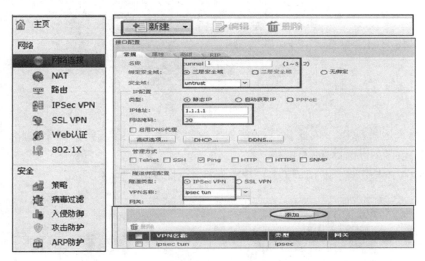

图 7-42 IPSec 隧道接口

6. 添加隧道路由

在路由表中添加目的地为对端保护子网的路由，该路由的下一跳为新建的隧道接口tunnel1。打开"网络"→"路由"→"目的路由"界面，具体如图 7-43 所示。

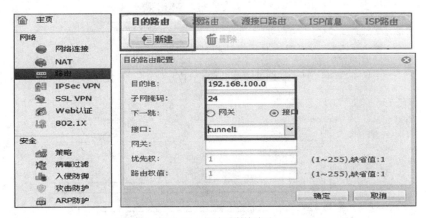

图 7-43 添加隧道路由

7. 添加安全策略

在添加安全策略之前先定义好表示本地网段和对端网段的地址簿，图 7-44 中只列举其中一个地址簿，添加本地网段 192.168.10.0/24 的地址簿 local，同样按此方法添加对端网段192.168.100.0/24 的地址簿 remote。

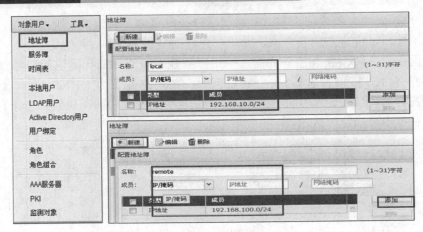

图 7-44　添加地址簿

创建完两个地址簿后，依次执行"安全"→"策略"命令，新建两个策略，分别是本地到对端的策略以及对端到本地的策略。

允许本地 VPN 保护子网访问对端 VPN 保护子网，如图 7-45 所示。

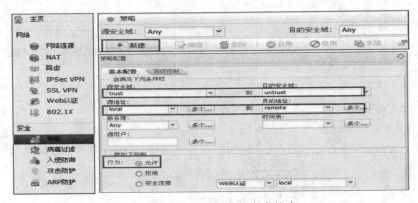

图 7-45　本地到对端的安全策略

允许对端 VPN 保护子网访问本地 VPN 保护子网，如图 7-46 所示。

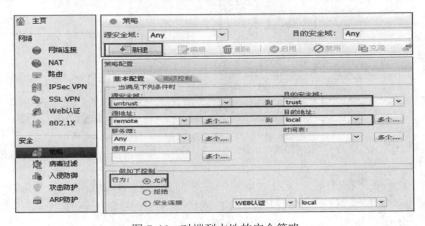

图 7-46　对端到本地的安全策略

FW-B 防火墙的配置步骤与 FW-A 的基本相同,不同的是某些步骤的参数设置,具体步骤略。

8. 验证测试

设置好 FW-A 和 FW-B 后,可以查看任何一个防火墙的 VPN 状态,VPN 可以通过 ping 对方防火墙隧道 IP 方式来触发。防火墙上面有个 VPN 状态灯,没有连通前是橙色,VPN 连接好后会显示绿色,如图 7-47 所示。

图 7-47 VPN 监控页面

【思考与练习】

实训题

1. 按照所学内容步骤建立一个 VPN 网络。
2. IPSec 隧道建立的条件必须要一端触发才可以,怎么来触发呢?

任务 9 防火墙的 SSL VPN

【任务描述】

为解决远程用户安全访问内网数据的问题,神州数码多核墙提供基于 SSL 的远程登录解决方案——Secure Connect VPN,简称 SCVPN。SCVPN 功能可以通过简单易用的方法实现信息的远程连通。IPSec VPN 解决了集团各分支结构互连的问题,SCVPN 则解决了在外网的任何地方、任何时间安全访问内网的问题,如图 7-48 所示。神州数码 DCFW-1800 系列防火墙的 SCVPN 功能包含设备端和客户端两部分。

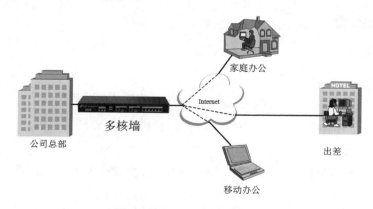

图 7-48 SSL VPN 使用场景

【任务要求】

掌握神州数码防火墙上设置 SSL VPN 的方法，使外网用户通过 Internet 使用 SSL VPN 接入内网。

【实现方法】

如图 7-49 所示，内网接口为 E0，接口地址为 192.168.2.1，网段为 192.168.2.0，外网接口为 E1，IP 地址为 218.240.143.2，外网网关为 218.240.143.1。配置 SCVPN 一般可以分为四步。

第一步，配置 SCVPN 地址池；第二步，配置 SCVPN 实例；第三步，配置 Tunnel 接口；第四步，配置访问策略。下面是具体操作步骤。

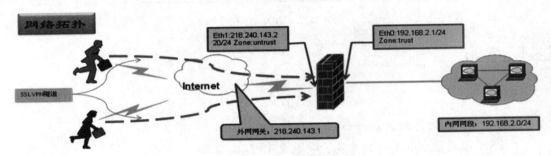

图 7-49　SSL VPN 搭建环境

1. 配置 SCVPN 地址池

通过配置 SSL VPN 地址池为 VPN 接入用户分配 IP 地址，地址池需配置网路中未使用网段。单击"网络"→"SSL VPN"，在右侧任务栏处，单击"SSL VPN 地址池"，然后新建地址池名为 scvpn-pool，具体如图 7-50 所示。

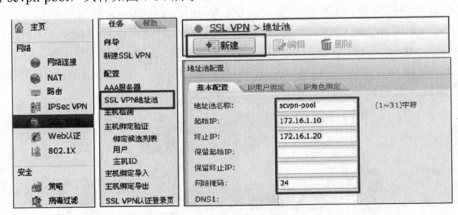

图 7-50　配置 SCVPN 地址池

2. 配置 SCVPN 实例

打开"网络"→"SSL VPN"，新建 SSL VPN，设置 SSL VPN 的名称后单击"下一步"，如图 7-51 所示。

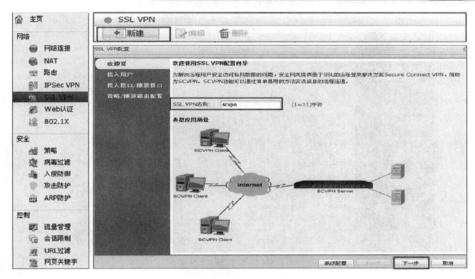

图 7-51　配置 SCVPN 地址池

　　添加 AAA 服务器后，本任务选用的是 local 服务器，单击"下一步"按钮，也可使用外置的 AAA 服务器方式，具体如图 7-52 所示。

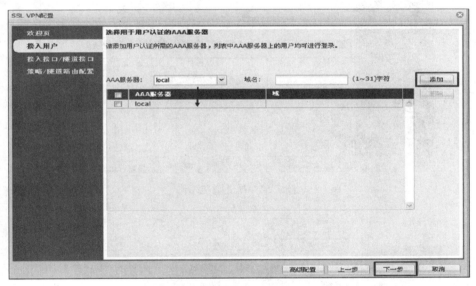

图 7-52　配置 AAA 服务器-用户

　　选择出接口（拨号地址接口），并调用 SSL VPN 地址池，单击"下一步"按钮，如图 7-53 所示。

　　添加隧道路由，隧道路由就是防火墙下发给到客户端的本地路由，本任务 IP 地址和子网掩码都为 0.0.0.0，最后单击"完成"按钮。具体如图 7-54 所示。

　　3. 创建 SSL VPN 隧道接口所属安全域

　　打开"网络"→"网络连接"，创建一个名为 SCVPN 的安全域，安全域类型为三层安全域，把出口地址 E1 加入到新建的安全域中，具体如图 7-55 所示。

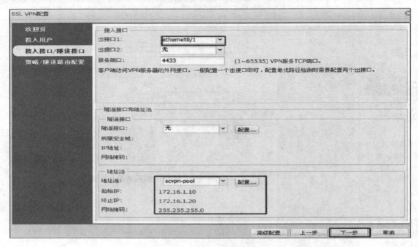

图 7-53　配置接入接口

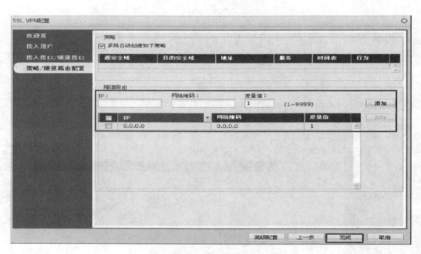

图 7-54　配置隧道路由

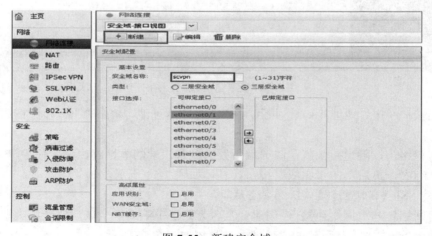

图 7-55　新建安全域

4. 创建隧道接口并绑定 SSL VPN 隧道

为了 SSL VPN 客户端能与防火墙上其他接口所属区域之间正常路由转发，需要配置一个隧道接口，并将创建好的 SSL VPN 实例绑定到该接口上来实现。打开"网络"→"网络连接"，在接口位置上单击新建隧道接口，选择隧道号 1，安全域 SCVPN，IP 地址为 172.16.1.1，必须和前面新建的地址池中的 IP 地址是同一个网段，具体如图 7-56 所示。

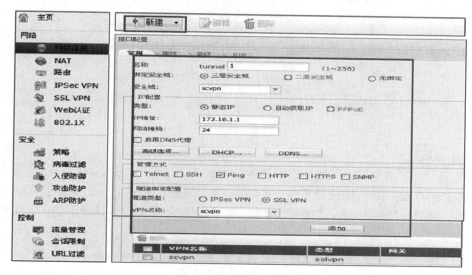

图 7-56　新建隧道接口

5. 创建安全策略

在"安全"→"策略"中添加访问策略，允许通过 SSL VPN 到内网的访问，也就是 scvpn 到 trust 安全域，源、目的地址、服务簿选 Any，具体如图 7-57 所示。

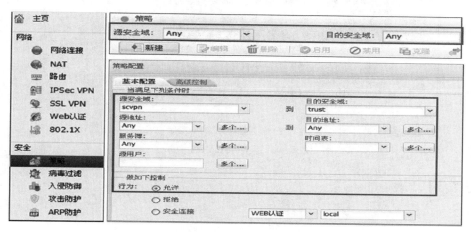

图 7-57　新建隧道接口

6. 添加 SCVPN 用户账号

单击在主页面右上角"对象用户"→"本地用户"中添加用户，在 AAA 服务器中添加用户 user1，密码 user1，具体如图 7-58 所示。

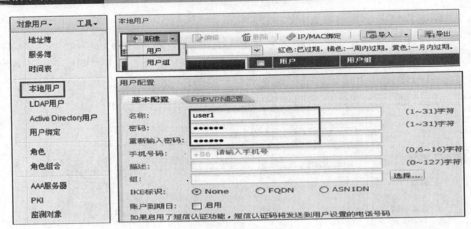

图 7-58　新建用户

7. 任务测试

在客户端上打开浏览器，在地址栏中键入：https://218.240.143.220:4433，在登录界面中填入用户名和密码单击登录，登录后下载 VPN 客户端并安装，然后刷新浏览器或重新打开浏览器连接，连接成功后网页上会有连接成功的提示。在访问内网资源的时候不能关闭浏览器，需要一直保持连接，如图 7-59 所示。

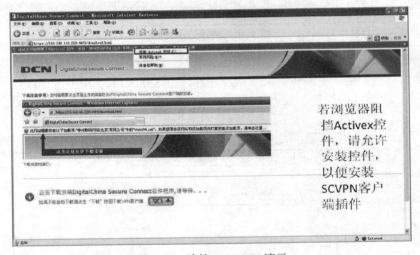

图 7-59　连接 SSL VPN 演示

【思考与练习】

实训题

1. 搭建任务实现环境，实现 SCVPN 使拨号用户能够访问内部网络 192.168.2.10 服务器和 192.168.3.100 服务器中的所有服务。

2. 是否可以设置几个不同权限的角色，不同用户所属角色不一样，登录成功后服务会不同或权限不一样？

任务 10 防火墙的双机热备

【任务描述】

在实际环境中，如果对网络连通要求比较高的时候，经常会用到双机热备，当一台设备出现故障后，另一台设备能马上起作用。

【任务要求】

当主设备出现故障后，备用设备能马上顶替主设备转发报文。

【实现方法】

如图 7-60 所示，两台防火墙分别通过两个二层交换机连入外网和内网，外网接口为 E1，IP 地址为 222.1.1.2/24，网关为 222.1.1.1。内网接口为 E0，IP 地址为 192.168.1.1/24，网段为 192.168.1.0。

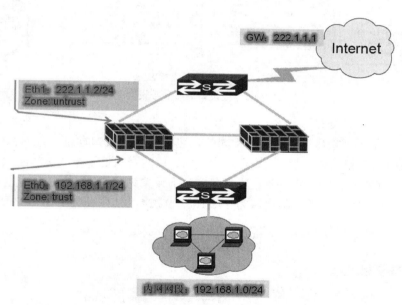

图 7-60 双机热备拓扑图

1. 防火墙上添加监控对象

在"对象用户"→"监控对象"中新建监控对象 judy，具体操作如图 7-61 所示。

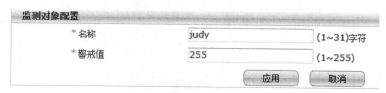

图 7-61 新建监控对象

2. 防火墙的 HA 配置

单击"系统管理"→"HA"设置 HA，HA 是心跳接口，也是两个防火墙同步数据的接口，这里设置为 E2，IP 地址为 1.1.1.1/30，备用设备 1.1.1.2/30，HA 的 ID 同设为 1，优先级设置为 100，备用设备为 200。数字越小优先级越高，优先级高的设备将被选为主设备。最后添加相同的监控对象 judy。具体参数说明如图 7-62 所示。

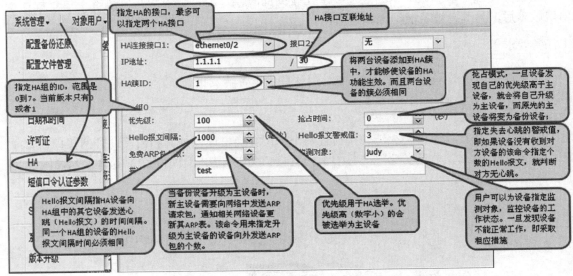

图 7-62　主设备 HA 参数设置

3. 配置接口的管理地址

处于热备份的两台防火墙的配置是相同的，包括设备的接口地址，此时只有一台防火墙处于主状态，所以在通过接口地址去管理防火墙时，只能登录处于主状态的防火墙。如果要同时管理处于主备状态两台防火墙的话，需要在接口下设置管理地址，本任务中主设备防火墙的 IP 地址为 192.168.1.91/24，备用防火墙为 192.168.1.92/24，具体设置如图 7-63 所示。

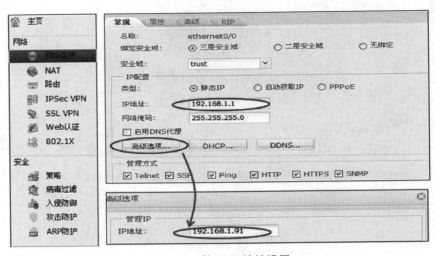

图 7-63　管理 IP 地址设置

4. 将主设备配置同步到备份设备

将两台防火墙连接入网络中并使用网线将两台防火墙的心跳接口 E2 连接起来，在主设备上配置的任何信息都会同步到备用设备中。

5. 测试。

本任务中可以继续配置内外网，使内网能够访问外网，并测试双机热备，把主设备的外网网线拔掉，观察备用设备是否启用，能否继续上网。也可以通过 ping 命令来测试，在本地电脑上一直 ping 外网的地址 222.1.1.1，拔掉主设备的外网线后有什么情况。

【思考与练习】

实训题

1. 使用两台型号和版本相同的防火墙，配置好 HA 后，将处于主状态的防火墙外网线拔掉，查看内网计算机访问外网是否有短时间掉线，如果一直 ping，是否会有丢包？

2. 两台防火墙，将其中一台配置好后，启用 HA 功能后将两台防火墙放到网络中，发现已经配置好的防火墙配置竟然空了，请思考是什么原因导致的。

8

流量整形系统

项目导读

互联网正飞速改变着全球企业的经营模式，随着电子商务的崛起，企业都以崭新且有效的方式与客户、员工、供应商及业务伙伴进行沟通。随着互联网的普及，用户对互联网的依赖越来越深，同时网络给用户带来的烦恼也日益严重，用户常常觉得自己的带宽不够用。其中一个原因就是网络应用的迅猛发展，尤其最近几年出现的 P2P 软件和网络病毒，极大地消耗了有限的网络资源。本项目以神州数码 DCFS 流量整形网关为例，解决网络拥塞等问题。

教学目标

- 认识流量整形系统及初始环境搭建。
- DCFS 流量整形系统管理与维护。
- 控制策略。
- 快速拦截 P2P。
- 限制 P2P 应用流量。
- 限制 IP 地址段中每个 IP 的带宽。
- 限制用户会话数。

任务 1　认识流量整形系统及初始环境搭建

【任务描述】

了解流量整形系统的关键技术，掌握深层速率控制技术原理和带宽管理的方法。通过搭建配置环境来管理流量整形系统。

【任务要求】

了解流量整形的工作原理及关键技术。

掌握 Web 网页方式管理流量整形系统。

【知识链接】

1. 流量整形系统概述

流量整形（Traffic Shaping，TS）是一种主动调整流量输出速率的措施。流量整形的典型作用是限制流出某一网络的某一连接的流量与突发，使这类报文以比较均匀的速度向外发送。流量整形通常使用缓冲区和令牌桶来完成，当报文的发送速度过快时，首先在缓冲区进行缓存，在令牌桶的控制下再均匀地发送这些被缓冲的报文。流量整形与流量监管的主要区别在于，流量整形对流量监管中需要丢弃的报文进行缓存——通常是将它们放入缓冲区或队列内，也称流量整形。当令牌桶有足够的令牌时，再均匀地向外发送这些被缓存的报文。流量整形与流量监管的另一区别是，整形可能会增加延迟，而监管几乎不引入额外的延迟。

2. 流量整形系统功能及技术

（1）应用识别功能。系统可以分析和识别多种网络应用，高效智能的应用分析引擎是高性能应用系统的基本保障，可升级的应用分析数据库可以保证系统的可扩展性，为运营商解决后顾之忧。

（2）灵活的带宽通道管理。DCFS 流量控制网关支持非常灵活的带宽通道管理（带宽通道：Bandwidth Pipe，是用户自定义的为某个用户、某个网络应用或者某个网络接口、线路定义的带宽管道）。

（3）动态的带宽分配技术。流量控制网关支持动态的带宽分配技术，可以在用户分配的带宽通道内动态地调节、均衡用户带宽的使用。此技术具有如下优点：

- 在网络资源紧张时均衡地分配带宽资源；
- 在网络资源空闲时可以充分利用带宽资源；
- 可以配合用户带宽限制使用；
- 可以针对某种应用，确保关键应用的带宽分配；
- 带宽分配与用户建立的会话数无关。

（4）TCP 速率控制技术。TCP 的窗口大小是网络传输中最重要的参数之一，动态地调整 TCP 窗口尺寸的大小，可以很好地控制 TCP 会话传输的速率。流量控制网关支持动态的 TCP 窗口控制技术，可以有效地控制 TCP 的会话速率。

（5）系统监控功能。内置系统监控工具，可以对每个网络接口的网络状况和系统的资源利用状况进行实时监控，并提供历史监控数据的报表图。

（6）友好的系统管理界面。采用流行的基于 Web 的管理方式，不需要特殊的客户端管理工具。通过友好的互动界面可以完成所有的参数设置、日常维护、系统监控、系统管理等，包括系统重新启动、系统关机等操作都可以通过 Web 界面完成。此外，系统还支持串口通信方式，以串口终端登录作为备用管理方式。

（7）安全的管理方式。系统所有的管理和认证数据都采用加密方式传输，即使数据被截获其传输内容也不会泄露。数据的加密算法采用 128 位交换密钥和 512 位传输密钥，其强度远高于某些所谓的一次性密码算法的强度，针对某些版本的浏览器系统也同时提供 40 位交换密钥的加密方式。

【实现方法】

1. 确认安装环境和客户端环境

DCFS 流量控制网关产品是一台标准的 19 英寸设备，除以下基本要求外，对安装环境没有其他特别的要求：

温度：10～40℃。

相对湿度：运行湿度 10%～90%。

标称电压：220V 50Hz。

网络接口：10/100/1000 Base TX/SX。

由于流量控制网关产品的客户端管理工具是基于 Web 方式的，所以客户端不需要安装特殊的软件，只要有通用的浏览器软件即可。建议客户端运行环境为：

操作系统：Windows XP 或 Windows 7。

浏览器：IE 6.0 以上。

显示器设置：分辨率 1024*768，小字体。

2. 确认并使用默认参数登录

服务器地址：192.168.1.254。

管理界面 URL：https://192.168.1.254:9999/。

管理员名称：admin。

默认密码：Admin123（注意 A 为大写）。

Console 口管理员：root。

Console 口密码：abc123。

管理员可在任何一台可以访问到流量控制网关设备网络地址的计算机上，打开浏览器，在地址栏输入 IP 地址，协议为 https，访问端口为 9999，即输入 https://192.168.1.254:9999，然后选择"是"确认安全警告，则进入管理员登录界面。

管理员输入正确的用户名和口令并提交后，则进入 Web 管理工具的主菜单，如图 8-1 所示，从上到下共分为五个功能区：系统管理、网络管理、对象管理、控制策略、系统监控。此时管理员即可开始对系统进行操作，任何时候如果管理员连续 15 分钟没有任何操作而且没有退出登录，则系统自动强制该管理员退出登录状态，管理员要想重新使用 Web 管理工具，必须重新登录。

图 8-1　Web 管理工具主菜单

进入系统后，首先显示的是首页的信息，首页的信息是目前系统状况的综合报告，共包含如下几方面的信息：系统信息、硬件信息、网络接口信息、应用流量信息（目前吞吐量最高的六种应用）、带宽通道状态等，如图 8-2 所示。

可以通过单击页面顶部的工具条快速进入"首页""保存全部配置"以及"退出系统"的功能页面，如图 8-3 所示。

图 8-2　系统首页信息

图 8-3　菜单顶部的工具条

【思考与练习】

理论题

1．流量整形与流量监控的区别是什么？
2．了解流量整形系统的默认配置信息。

实训题

1．通过 Console 和 Web 方式连接流量整形网关系统。
2．登录流量整形系统后，熟悉设备的几个功能菜单及其内容。

任务 2　DCFS 流量整形系统管理与维护

【任务描述】

本任务主要是掌握系统管理的功能，这一部分功能区的菜单结构如下：

|----添加/修改管理员
|----修改管理员口令
|----设置系统时间
|----保存全部配置
|----查询操作日志
|----更新/升级系统|----协议库升级
|----系统升级

```
|----配置文件管理|----配置文件下载
                |----配置文件上传
|----重启/关闭系统
|----恢复出厂设置
|----设置许可协议
|----注销
```

【任务要求】

掌握流量整形系统的系统管理功能，能够添加或修改管理员用户，管理配置文件及完成系统升级等任务。

【实现方法】

1．添加和修改管理员

这部分菜单完成对系统管理员的管理，包括添加管理员、设置管理员属性、删除管理员等。该菜单进入"管理用户列表"页面，如图 8-4 所示，可以看到所有的管理员列表。

图 8-4　管理员用户列表

如果当前登录的管理员有足够的权限，可以单击链接"删除"删除管理员，也可以单击链接"修改"修改管理员信息，此时进入"修改管理员属性"页面，如图 8-5 所示。

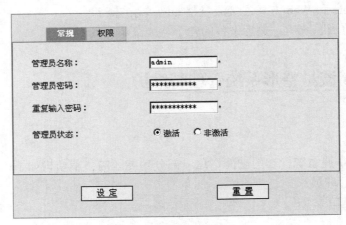

图 8-5　修改管理员属性界面

图 8-5 中除用户名不可修改外，各输入项的含义与"新增管理员"基本相同。通过选择权限并单击箭头按钮来增减管理员权限；为保证安全，修改管理员密码时要求同时输入当前操作管理员的密码和修改的管理员的新密码。

单击页面右上方的进入"新增管理员"链接，可以增加新的管理员，如图8-6所示。

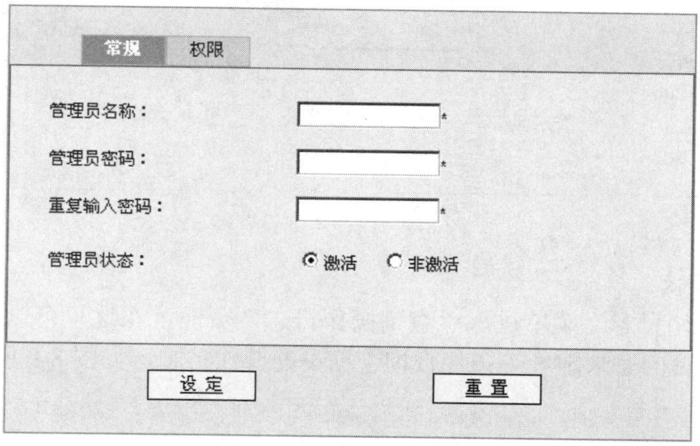

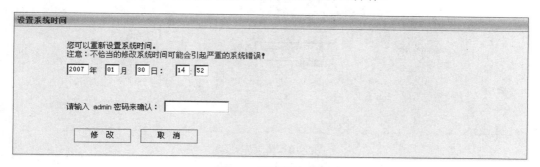

图 8-6　新增管理员

其中各输入项的含义和输入方法如下：

"管理员名称"：输入新增管理员名称，合法的名称为字母和数字的组合，注意只可以使用小写字母。

"管理员密码"：输入新增管理员的密码，合法的密码为大小写字母和数字、其他字符的组合。请注意系统区分大小写，字符相同、大小写不同的密码为不同的密码。

"重复输入密码"：再次输入新增管理员的密码，请注意与第一次输入的密码保持一致。

"管理员状态"：新增管理员的状态。如果选择状态为"非激活"，该管理员增加后不能立即使用，必须激活后才可使用。

"权限"选项卡：设置新增用户的权限。

2. 设置系统时间

单击"设置系统时间"菜单，进入"设置系统时间"页面，如图8-7所示，管理员可以重新设置系统时间。为保证安全，必须同时正确输入 admin 的密码才能提交此操作。注意：不恰当地修改系统时间可能引起严重的系统错误，请谨慎进行此操作。

图 8-7　设置系统时间

3. 保存全部配置

单击保存全部配置菜单进入"保存设置"页面，输入管理员的密码，单击"保存设置"按钮可以保存当前全部设置信息，包括网络设置、规则设置等，如图8-8所示。

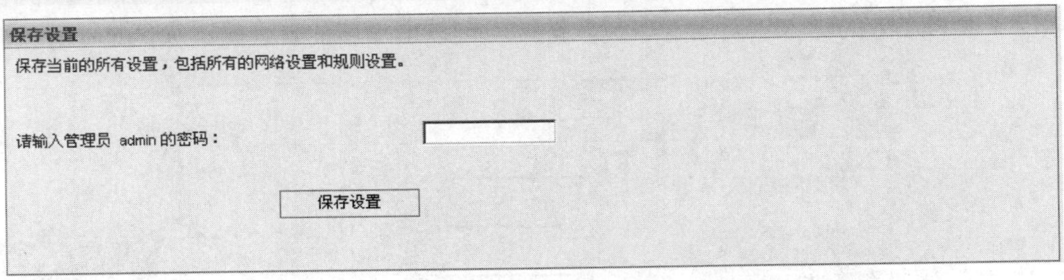

图 8-8　保存全部设置

4. 查询操作日志

单击"查询操作日志"菜单进入"查询操作日志"页面，在这里可以根据管理员名称、操作时间或者管理员的登录地址等条件查询管理员的操作日志，如图 8-9 所示。

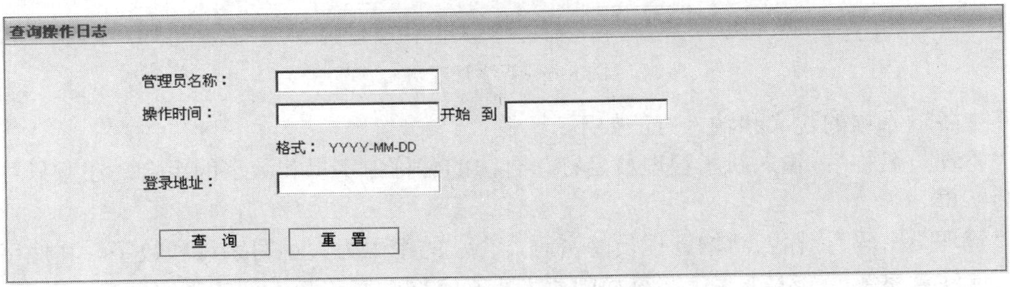

图 8-9　查询操作日志

5. 更新和升级系统

设备支持完善的系统升级，升级共分为两种：一种是应用协议库的升级；另一种是整个系统固件的升级。

对于协议库升级，厂家会定期发布协议库升级的文件，用户在界面单击"浏览"按钮选择需要升级的协议库文件即可，如图 8-10 所示。

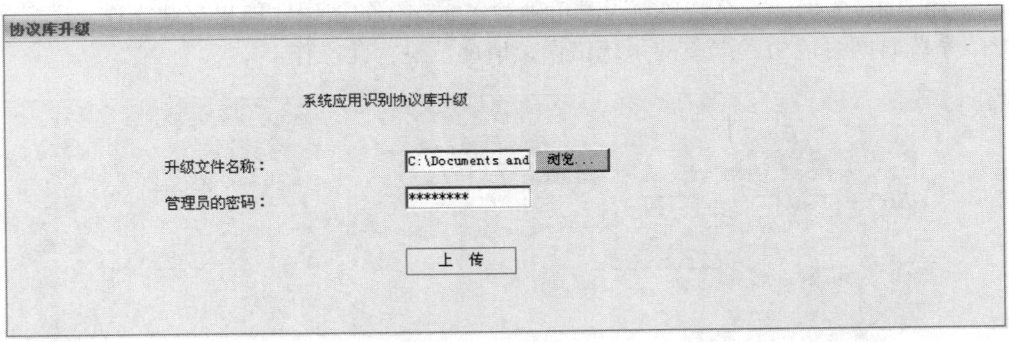

图 8-10　协议库升级

协议库升级后会自动重启系统。

系统升级是系统固件的升级，升级之前需慎重，升级的过程不能被打断，否则会出现设备不能正常启动的情况。

系统的升级支持多种方式：HTTP、FTP 以及 TFTP，用户需要准备 HTTP、FTP 或者 TFTP

Server，将升级的固件文件放到相应的 Server 目录下，将 URL（地址）输入到输入框中，输入管理员的密码，如图 8-11 所示，系统会自动升级重启，升级的开始如果提示错误，可能是输入的地址错误，也可能是升级包的版本或者兼容性的问题，请联系厂商。

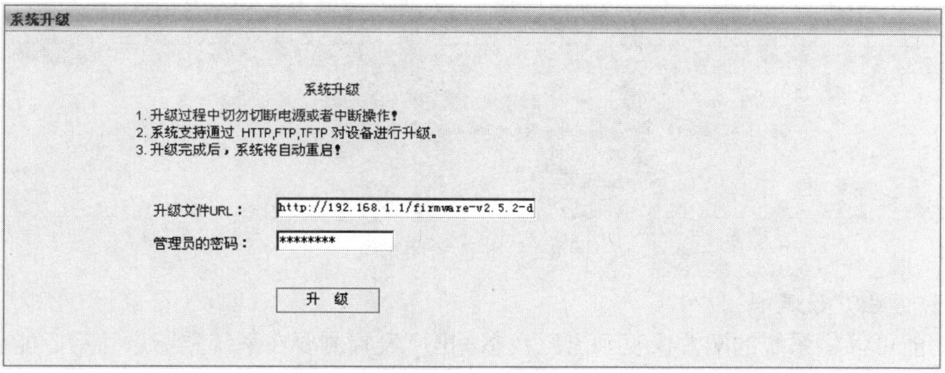

系统升级

系统升级

1. 升级过程中切勿切断电源或者中断操作！
2. 系统支持通过 HTTP,FTP,TFTP 对设备进行升级。
3. 升级完成后，系统将自动重启！

升级文件URL：　http://192.168.1.1/firmware-v2.5.2-d

管理员的密码：　********

升 级

图 8-11　系统升级

6. 配置文件管理

这部分菜单完成配置文件备份和重载的功能。

配置文件下载，单击"配置文件下载"菜单进入"下载配置文件"页面，可以把保存系统所有配置信息的配置文件下载到本地计算机备份。下载之前必须正确输入管理员自己的密码，单击"下载"按钮后选择"将该文件保存到磁盘"，然后指定保存到本地的目录和文件名即可，如图 8-12 所示。

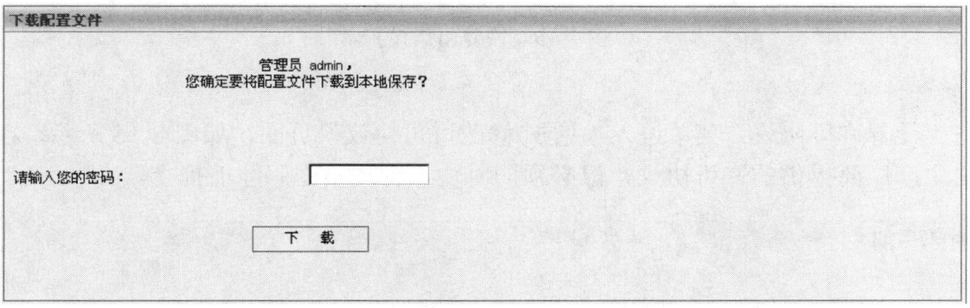

下载配置文件

管理员 admin，
您确定要将配置文件下载到本地保存？

请输入您的密码：

下 载

图 8-12　配置文件下载

配置文件上传，当需要从备份的配置文件恢复系统时，单击"配置文件上传"菜单进入"上传配置文件"页面，恢复配置需要重新启动系统，如图 8-13 所示。

上传配置文件

上传配置文件需要重新启动系统，是否继续？

确 定　　取 消

图 8-13　配置文件上传

7. 重启和关闭系统

单击该菜单进入"重启/关闭系统"页面，如图 8-14 所示，此页面内有两个选项："关闭系统"和"重新启动"，用户可以选择其中一项操作，单击"确定"按钮后进入到另一个请求确认的页面，用户可以选择"取消"撤销操作，或选择"确认"执行操作。

图 8-14 重启/关闭系统

8. 恢复出厂设置

该功能可以将系统的配置恢复到出厂状态，出厂设置需要在系统重新启动后方能生效，因此使用该功能系统需要重新启动。恢复出厂设置需要输入 admin 密码方能使用。单击该菜单进入"恢复出厂设置"页面，如图 8-15 所示。

图 8-15 恢复出厂设置

9. 软件许可

单击"设置许可协议"菜单进入"增加/修改许可协议"页面，如图 8-16 所示，在这里可以输入由生产厂商提供的许可协议，但必须同时输入管理员密码才能提交。

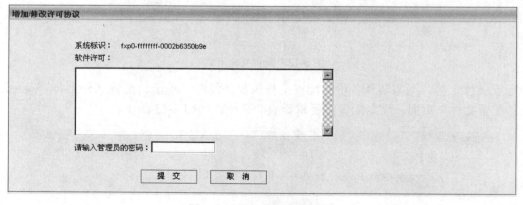

图 8-16 增加/修改许可协议

注意：软件许可协议是为了保护生产厂商知识产权采取的安全措施。系统使用时间超过软件许可协议允许的期限后，系统将不能继续工作，必须与生产厂商联系索取新的许可协议。

【思考与练习】

实训题

1．更改流量整形系统默认的管理密码，并设置一个只有浏览权限的账户。
2．保存流量整形系统的配置文件，任意设置流量整形系统并恢复出厂配置。
3．更新流量整形系统的软件许可。

任务3　控制策略

【任务描述】

这部分功能区主要设置流量控制网关的策略设置，掌握控制策略的设置，菜单包含参数设置、预置安全策略、应用访问控制、带宽通道管理、带宽分配策略、二级带宽策略、分区统计策略。

【任务要求】

掌握流量整形系统的控制策略。

【实现方法】

1．参数设置

单击"参数设置"菜单进入"参数设置"页面，如图8-17所示，共三个页面，可以对系统处理TCP/IP协议的一些重要参数进行设置。

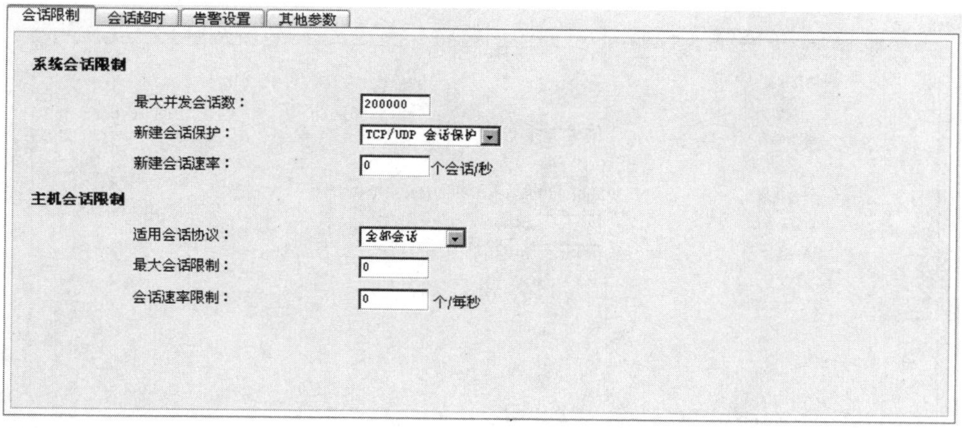

图8-17　会话限制

其中"会话限制"页面有如下选项：

"最大并发会话数"：指系统处理的最大会话数，超过此会话数系统将不再做协议分析和流量控制，这个数值跟型号和内存密切相关，建议使用默认值。

"新建会话保护":指对受到类似于 SYN Flooding 攻击时的处理,当受到攻击时,处于保护时默认将限制"新建会话速率",即新建会话的数量。

主机会话限制是对于会话表中每个主机会话的限制,包含 3 个属性。

"最大会话限制":每个主机最大的会话限制。

"会话速率限制":指单个地址允许的最大会话建立速度,单位为个/秒。

"会话超时"页面如图 8-18 所示,其中各输入项的含义如下:

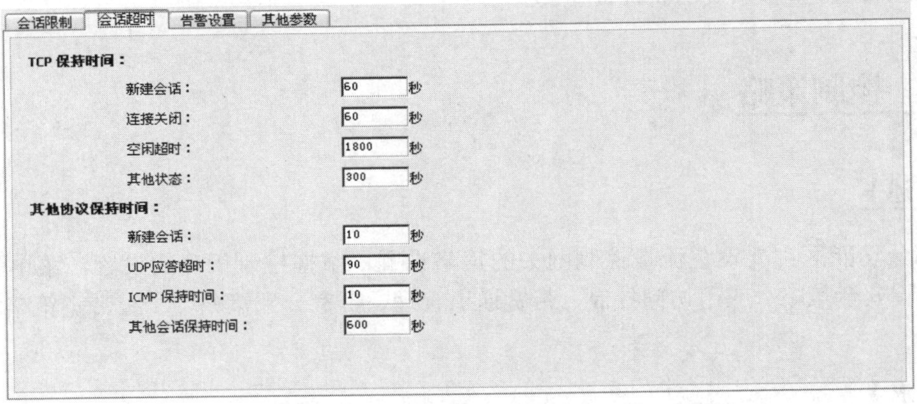

图 8-18 会话超时

"TCP 保持时间":系统处理 TCP 协议的超时时间。包括四项:"新建会话"指新建会话的处理时间;"连接关闭"指 TCP 连接关闭时握手信号的超时时间;"空闲超时"指 TCP 连接无数据传输关闭的超时时间;"其他状态"指除以上两种情况外的其他超时时间。

"ICMP 保持时间":系统处理 ICMP 协议的默认超时时间。

"其他会话保持时间":系统处理其他协议(除 TCP、ICMP 以外)的超时时间。

"告警设置"页面如图 8-19 所示,其中各输入项的含义如下:

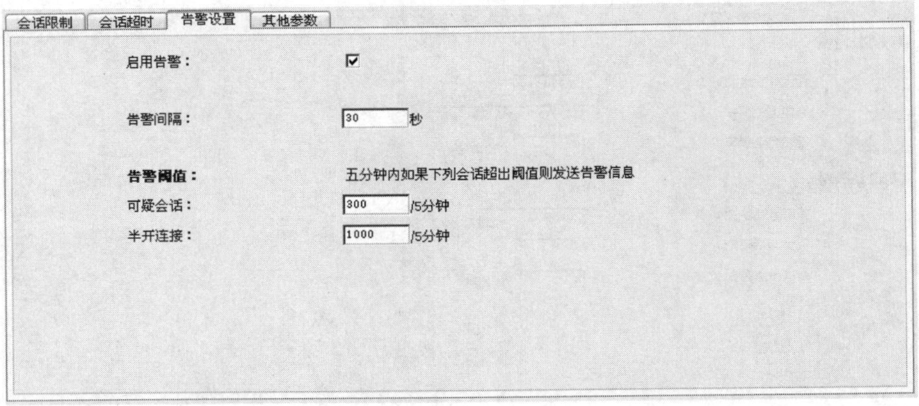

图 8-19 告警设置

"启用告警":设置是否启用告警。

"告警间隔":告警的间隔时间,即写入日志服务器的时间间隔。

"可疑会话":可疑会话的阈值,即每五分钟的会话数超过某个阈值即为可疑会话告警。

"半开链接"：半开链接的阈值，即每五分钟的半开链接数超过某个阈值即为半开链接超出告警。

"其他参数"设置页面如图 8-20 所示，其中各输入项的含义如下：

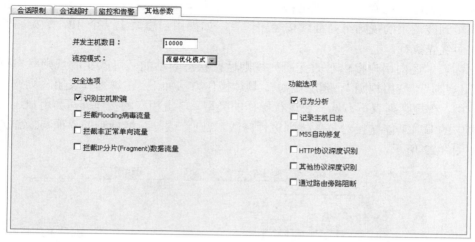

图 8-20　其他参数

"并发主机数目"：系统主机统计处理的最大主机数。

"识别主机欺骗"：为了得到精确内网主机实时统计，防止伪造内网源地址的主机欺骗。

"拦截 Flooding 病毒流量"：拦截具有明显病毒 Flooding 特征的流量。

"拦截非正常单向流量"：拦截数据报特征未知的单向流量。

"拦截 IP 分片（Fragment）数据流量"：拦截 Fragment 流量。

"行为分析"：不仅仅根据数据报的特征分析，还能根据终端数据传输的行为特征来分析，主要应用于 P2P 以及流媒体协议。

"记录主机日志"：记录所有内网主机的通信流量。

"MSS 自动修复"：自动拨号时的 MSS 值自动修复。

"HTTP 协议深度识别"：支持 HTTP 对象深度识别功能。

"其他协议深度识别"：对于其他诸如加密等协议的深度识别，是协议特征识别的补充。

"通过路由旁路阻断"：只适用于旁路模式进行协议流量控制。

2．预置安全规则

当系统受到攻击或者系统连接的某些线路出现问题时，用户可能会需要暂时禁止某些来源 IP 和端口的访问，也可能因为某些安全原因，系统需要禁止目标 IP 和端口的访问，此时需要预置安全规则来做简单的安全策略。打开"预置安全策略"，如图 8-21 所示。

图 8-21　预置安全规则

规则表内各条规则在规则列表中的前后顺序可以调整。过滤规则列表中每条规则的"位置"项都有链接向上或向下或二者都有。单击"向上"则该条规则向前移动一个位置，单击"向下"规则向后移动一个位置。

规则的检查顺序：数据依照规则检查的顺序是自上至下依次检查，如果它的操作为"调用"则跳转到被调用的规则组内继续按顺序检查，如果用户想禁止某个 IP，最好将其放到列表的最前面优先执行。

规则列表中还向用户提供了改变所列规则运行状态的功能，可改变的规则状态有三种操作："启用规则""禁用规则""删除规则"。具体操作方法如下：在规则列表第一列选中要进行操作的规则，在规则列表下方选择要进行操作的类型，单击相应的按钮即可。用户还可以通过规则列表中的编辑功能链接对每条规则进行修改。规则修改与新增规则的界面与操作方法基本相同，如图 8-22 所示。

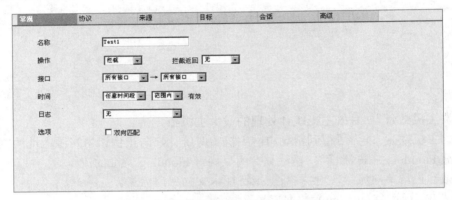

图 8-22　规则界面

该窗口内包含六个页面。"常规"页面用于设定该规则的基本属性。"来源""目标""协议"页面分别用来指定该规则适用的地址范围和协议类型。"会话"页面设定该规则如何对会话进行控制。"高级"页面设置该规则的高级属性。

3. 应用访问规则

应用访问规则是针对应用协议的访问控制，利用应用访问规则可以快速地禁止管理员指定的应用协议，如 BT、MSN、QQ 等协议。

单击"应用访问规则"菜单进入"应用访问规则"列表页面，可以看到系统当前应用访问规则的列表，如图 8-23 所示。

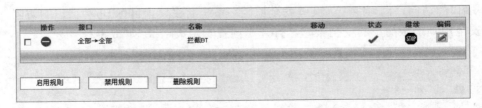

图 8-23　应用访问规则

应用访问规则的设置和系统访问策略的设置方式基本相同，支持移动规则、改变规则运行状态、删除规则和编辑规则的功能。在访问策略的执行顺序上，系统首先检查系统访问规则内的策略，如果匹配规则设定了内容分析功能，则启动内容分析引擎进行分析，如果分析结果为某类已知应用则对应用访问策略表进行扫描，检查是否有相匹配的规则，因此应用访问规则主要是对系统访问规则放行的数据进行二次处理。单击"新增应用访问规则"按钮，可以添加应用访问规则，新增的应用访问规则的"操作"一般是"拦截"，管理员在"应用"页面内可以选择一种或者多种网络应用，从而实现对具体应用的访问策略进行管理，如图 8-24 所示。

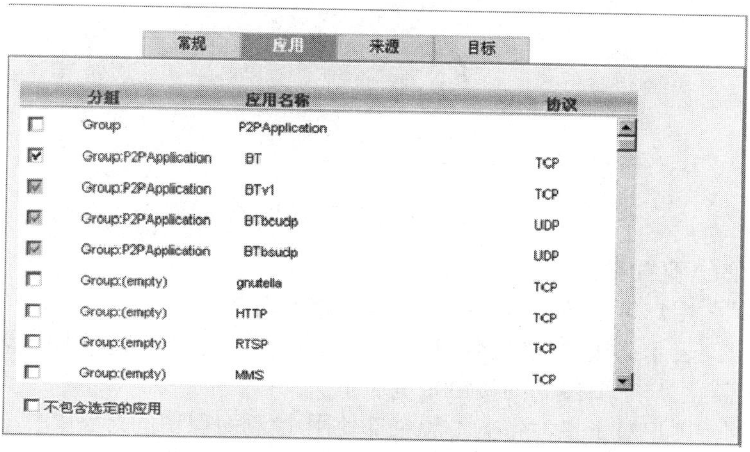

图 8-24　网络应用访问规则

4. 带宽通道管理

单击"带宽通道管理"菜单进入"带宽通道管理"页面，如图 8-25 所示。图中显示了当前全部的带宽分配策略。带宽分配策略为树状结构，可以分为多个分支，每一个分支内分配策略的最低带宽之和不得大于该分支母节点的带宽。用鼠标左键单击一条分配策略，可以选择"修改"或"删除"链接分别修改或删除该条策略。

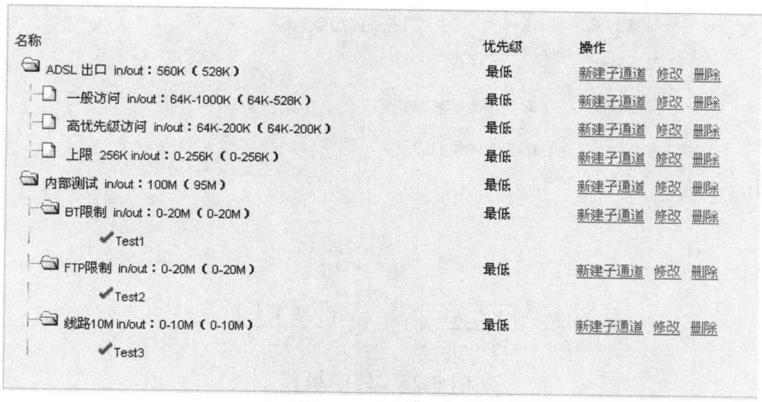

图 8-25　带宽通道管理

带宽通道的一般配置步骤如下：首先单击右上角的"新增带宽通道"设置根节点，根节点一般设定为想要控制的接口的总带宽，例如，一根 100M 的双工线路（进出都为 100M），可以在策略类型中选择"双向控制"，接口带宽设置为"100M"，如图 8-26 所示。

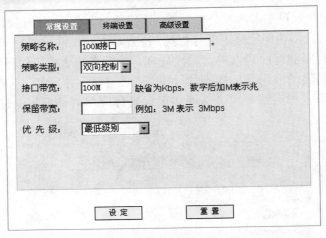

图 8-26　设定带宽分配策略

各个输入项的含义如下：

"策略名称"：用户可以按照自己的习惯为策略取名字。

"策略类型"：表示该接口是对网络流量进行双向控制还是只进行单向控制（流出）。

"接口带宽"：用户想要控制的接口带宽大小。

"保留带宽"：用户对于接口带宽不想全部使用/控制而保留的带宽。

"优先级"：此带宽分配策略的优先级。

"终端设置"页面使用户可以精确控制每个用户的"带宽上限"，而且支持"上限带宽动态分配"，即所有内网的用户可以根据当前的网络状况自动均衡，避免了个别用户占用带宽过多的情况，如图 8-27 所示。

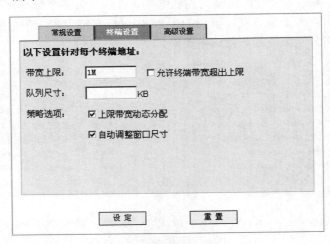

图 8-27　终端设置

"高级设置"页面是一些只有特殊情况下才使用的参数设置，一般建议使用默认值。

5．带宽分配策略

定义了带宽分配策略后就可以给不同的网络应用和来源/目标地址指定不同的分配策略。单击该菜单进入"带宽分配策略"页面，显示系统所有的带宽处理规则，如图 8-28 所示。

图 8-28　带宽分配策略

需要指出的是，系统匹配规则时是按照列表中自上而下的顺序检查，当检查到第一条匹配的规则后，系统将不再继续检查后面的规则。处理规则在规则列表中的位置可以调整。带宽处理规则列表中每条规则的"移动"项都有链接向上或向下箭头或二者都有。单击向上箭头则该规则向前移动一个位置，单击向下箭头则策略向后移动一个位置。

6. 二级带宽策略

一般的情况下不需要二级带宽策略，在较特殊需求的情况下，需要使用二级带宽策略，例如这样的需求：学校需要限制每个学生的带宽总量，在此基础上，学校还需要限制总出口 P2P 的流量。举个例子：学校共有 100M 带宽，学校限制每个学生 512K 上网带宽（不管什么应用），然后学校还需要在总出口处限制 P2P 的流量不超过 10M，两个简单的策略不能实现这种需求，必须使用二级带宽策略（否则会出现主机流量叠加的情况），做法如下：

先生成一条带宽分配策略，功能是"限制每个学生 512K 上网带宽"，做完这条策略后，需要做一条二级带宽策略，这条二级带宽策略的做法类似于前面带宽通道管理，但是有两点区别：一是带宽通道的位置，按照带宽通道管理的做法，需要建立一个 10M 的 P2P 带宽通道，因为是二级带宽通道使用的策略，所以如果都属于总出口的子通道，会出现重复统计的问题，因此此处所作的通道必须与总出口的通道属于同一级，如图 8-29 所示。

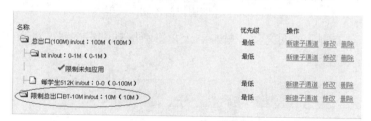

图 8-29　二级带宽策略

【思考与练习】

实训题

限制每个学生的带宽为 1M，学生机房的总带宽为 100M。

任务 4　快速拦截 P2P 应用

【任务描述】

P2P 软件对网络流量的使用较大，在局域网内最明显，有的 P2P 软件如"终结者"可以直接对用户的计算机进行流量控制，因此有的时候会出现网络速度非常慢，甚至导致整个网络出现问题。可以通过流量整形系统来限制 P2P 软件应用。

【任务要求】

限制内网的 P2P 应用，特别是目前常用的一些 P2P 应用。

【实现方法】

流量控制网关一个很常见的应用就是拦截目前流行的 P2P 应用，将设备使用桥接方式接入网络后，进入管理界面，单击菜单"控制策略"→"应用访问控制"，如图 8-30 所示。

图 8-30　"应用访问控制"菜单

进入"应用访问控制"页面之后，单击右上角"新增规则"按钮，将操作选择为"拦截"，如图 8-31 所示进行设置。

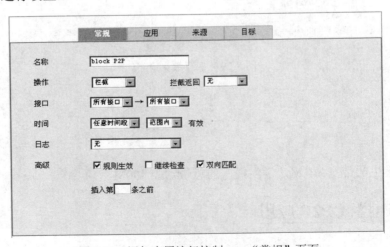

图 8-31　添加应用访问控制——"常规"页面

单击"应用"选项卡页面，选择与 P2P 相关的应用协议，然后"设定"即可，如图 8-32 所示。

图 8-32　添加应用访问控制——"应用"页面

【思考与练习】

实训题

限制常用的 BT、电驴等 P2P 应用。

任务 5　限制 P2P 应用的流量

【任务描述】

现实生活中，有时不可能完全限制 P2P 应用，但可以通过限制 P2P 应用的流量，使得 P2P 应用的流量不会对网络造成很大的影响，同时也不会影响 P2P 应用。

【任务要求】

限制 P2P 应用流量是流量控制网关的一个很常见的应用实例，例如总的带宽为 100M，现在准备将 P2P 应用限制为 10M（单向 10M，双向 20M）。

【实现方法】

1. 定义带宽通道

打开菜单"控制策略"→"带宽通道管理"，如图 8-33 所示。

打开"带宽通道管理"页面后，单击右上角按钮"新增带宽通道"，如图 8-34 所示。图中是定义出口通道，也就是其他待定义通道的父通道，定义好出口 100M 的父通道后，单击右侧的"新建子通道"，建立 P2P 带宽通道，如图 8-35 所示。

图 8-35 中 10M 指的是单向流量，但是在监控设置中默认显示的是双向的流量，所以在"流量分析图"中显示的可能是 20M 左右的流量；如果想对 P2P 上行和下行流量做不对称的控制，带宽上限的格式为：下载/上传，如果限制 P2P 流量下载 10M，上传 8M，则应该在"带宽上限"处写入的格式是：10M/8M。

图 8-33 "带宽通道管理"菜单

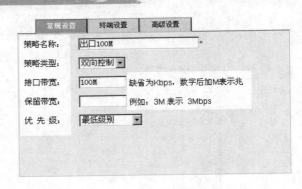

图 8-34 出口带宽通道定义

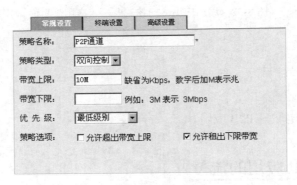

图 8-35 P2P 带宽子通道定义

因为对 P2P 的流量控制一般不应该超出其带宽上限，所以应该将"允许超出带宽上限"取消勾选。带宽通道如图 8-36 所示。

图 8-36 所有带宽通道定义

2. 带宽分配策略

定义完带宽通道后，通道并不生效，必须定义相应的策略与通道关联，使其生效。单击菜单"控制策略"→"带宽分配策略"，如图 8-37 所示。

进入"带宽分配策略"页面后，单击"新增带宽策略"按钮，选择上面所作的带宽通道——P2P 通道，接口选择"内网"到"外网"，如下图 8-38 所示。

单击"服务"页面，选择相关的 P2P 服务，单击"设定"即可，如图 8-39 所示，勾选各种常用的 P2P 应用。

如果只针对某段地址限制，则需要在"来源"页面指定来源地址。

图 8-37 "带宽分配策略"菜单

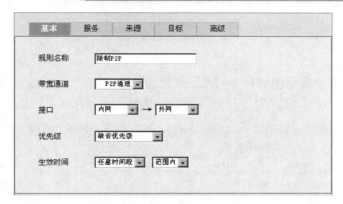

图 8-38　带宽分配策略基本配置

图 8-39　带宽分配策略服务配置

【思考与练习】

实训题

限制 BT 下载总流量为 5M。

任务 6　限制 IP 地址段中每个 IP 的带宽

【任务描述】

在实际的应用中经常可以碰到这种需求：限制某个或者某些 IP 地址段的带宽，例如，在校园网中，需要对宿舍区限制带宽，规定每个学生的带宽不能超过 1M，可以采用如下做法：假设校园网总出口为 100M，准备分配给学生宿舍区的带宽为 80M，每个学生限制为 1M。

【任务要求】

限制学生宿舍区总带宽为 80M，并限制每个用户或 IP 的带宽为 1M。

【实现方法】

1. 配置地址组

设置地址组对象，将学生宿舍区的地址设置为一个对象，单击菜单"对象管理"→"地址组管理"，单击新增地址组，将学生宿舍区的地址写入，如图 8-40 所示。

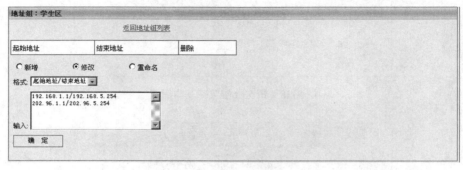

图 8-40　添加地址组

2. 带宽通道设置

配置完地址组后，应该设置带宽通道策略。首先设置出口带宽通道，打开"带宽通道管理"页面后，单击右上角按钮"新增带宽通道"，如图 8-41 所示。

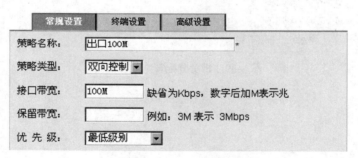

图 8-41　出口带宽通道设置

定义好出接口父带宽通道后，单击右侧的"新建子通道"，定义学生宿舍区的带宽，带宽上限为 80M，如图 8-42 所示。

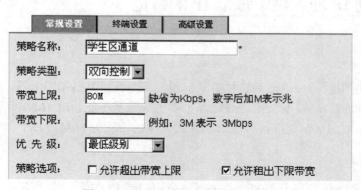

图 8-42　学生宿舍区子通道带宽设置

因为需要限制每个学生的带宽，所以必须限制每个终端的带宽，单击"终端设置"页面，将每个终端的带宽设置为 1M，如图 8-43 所示。

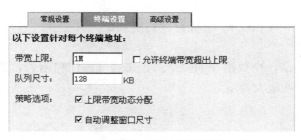

图 8-43　学生宿舍区子通道终端带宽设置

图 8-43 中的"上限带宽动态分配"是流量整形系统的一个重要技术特点，选中这个特征可以在用户分配的带宽通道内动态地调节、均衡用户带宽的使用，使所有终端的带宽在带宽资源紧张的时候最大可能地保持平均使用，而尽可能减少因为某些用户占用大量带宽导致其他用户无法使用的状况。如果用户带宽资源较为紧张，建议选用此选项。

3．应用策略

定义完带宽通道后，通道并不生效，必须定义相应的策略与通道关联，使其生效。单击菜单"控制策略"→"带宽分配策略"，打开页面后，单击"新增带宽策略"，将"带宽通道"选择刚刚定义的"学生区通道"，接口选择"内网"到"外网"，因为必须关联学生区地址，单击"来源"页面，选中对应的学生区地址组，如图 8-44 所示。

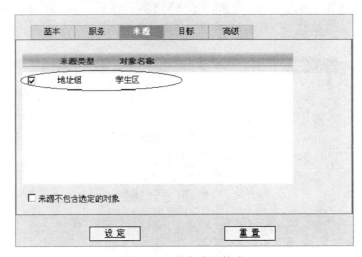

图 8-44　带宽分配策略

【思考与练习】

实训题

设置总带宽为 1000M，办公区分配带宽 200M，学生区分配带宽 800M，每台电脑限制带宽 2M。

任务7 限制用户会话数

【任务描述】

网络病毒和攻击泛滥，少数用户的会话数过多会导致出口阻塞，甚至导致网络瘫痪，因此，需要限制每个用户的最大会话数。

【任务要求】

限制每个用户的会话数为1000。

【实现方法】

1. 设置内网区域属性的会话限制

需要限制的会话数一般是指内网用户，打开"网络管理"→"网络区域设置"，选择内网设置，在内网属性设置中勾选会话限制项，如图8-45和图8-46所示。

名称	会话保持	应用分析	主机统计	会话限制	会话日志	监控模式	设置
外网	✓	✓	✗	✗	✗	✗	设置
内网	✓	✓	✓	✓	✗	✗	设置
服务区	✓	✓	✗	✗	✗	✗	设置

图8-45 设置内网区域属性

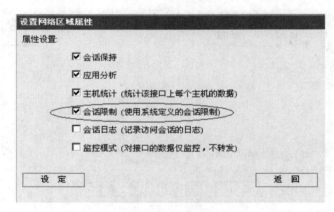

图8-46 网络区域设置会话限制

2. 限制最大会话数量

网络区域设置完成后，可以在"控制策略"→"参数设置"中具体设置会话的数量。打开参数设置菜单，在系统会话设置中，如图8-47所示，首先将"新建会话保护"选择为"不启动保护模式"，因为保护模式会将一些病毒或者攻击会话过滤掉，影响会话限制的效果。然后在"最大会话限制"处写上需要限制主机的最大会话数，主机的最大会话数不宜过低，否则会影响用户的使用体验。

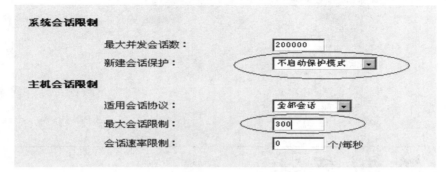

图 8-47　系统会话限制参数设置

3. 查看会话

会话限制可以实时查看，打开"系统监控"→"会话和主机监控"→"主机状态"界面，在主机状态列表中可以实时显示主机的状态，如图 8-48 所示。

用户	主机地址	联入会话	联出会话	流入速率	流出速率	会话限制
	172.16.191.22	1	388	2.16M	384.80K	08-05 20:43
	172.16.212.103	5	89	805.66K	757.66K	
	172.16.191.26	0	119	201.92K	1.21M	
	172.16.103.108	2	223	444.20K	306.55K	
	172.16.103.110	0	209	263.39K	261.09K	
	172.16.109.101	0	18	1.48K	42.35K	
	172.16.192.102	0	1	6.77K	1.70K	
	172.16.88.114	0	4	4.77K	3.12K	
	172.16.103.107	0	32	1.20K	5.44K	
	172.16.88.111	0	11	1.85K	3.90K	

图 8-48　会话限制结果

【思考与练习】

实训题

限制网络中每个用户的会话数量为 2000，观察网络主机的会话情况。

9

日志管理系统

项目导读

　　日志管理系统可以对用户网络访问行为实时监控，通过网络行为分析，实现网络行为与网络准入和控制的实时关联，在用户网络行为不符合安全规则时给予用户相应的提醒、阻断，严重情况下直接阻断用户接入网络，实现即刻防御的行为管控。本章主要以神州数码日志管理系统为例，讲述系统的搭建、上网行为管理规则的定义以及实现阻止非法上网行为的方法。

教学目标

- 日志管理系统的初始配置。
- 监控 QQ 和飞信等聊天信息。
- 禁止访问某些网站配置。
- 禁止发送含有某些关键字邮件的配置。

任务 1　日志管理系统的初始配置

【任务描述】

　　根据实际情况对日志系统进行配置，例如网络接口 IP、监控接口配置等信息，达到能够对网络进行行为监控的目的。本实验拓扑结构图如图 9-1 所示。两条链路，其中一条为管理线路，另一条为监控线路。

NETlog 日志
PC
Switch
Internet

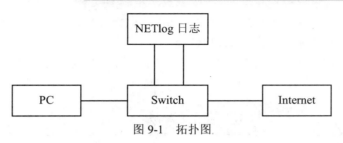

图 9-1 拓扑图

【任务要求】

了解日志管理系统的接口及作用。

掌握 Web 网页方式管理日志管理系统。

【实现方法】

1. 登录到日志管理系统

初次使用日志管理系统时，用户可以通过 Eth0 接口访问日志系统的 Web 页面，首先需要配置管理 PC 的 IP 地址属于 192.168.5.0/24 网段，并测试与 192.168.5.254 的连通性。

在浏览器里输入默认的 IP 地址 http://192.168.5.254 并按回车键，系统 Web 页面登录界面如图 9-2 所示，默认用户名为 admin，密码为 admin。

DCN
帐号
密码
忘记?
语言
中文
登录

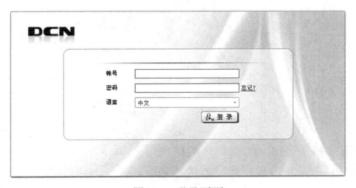

图 9-2 登录页面

2. 配置 IP 地址

单击“网络配置”→“网络接入”→“以太网卡”，弹出如图 9-3 所示的窗口。

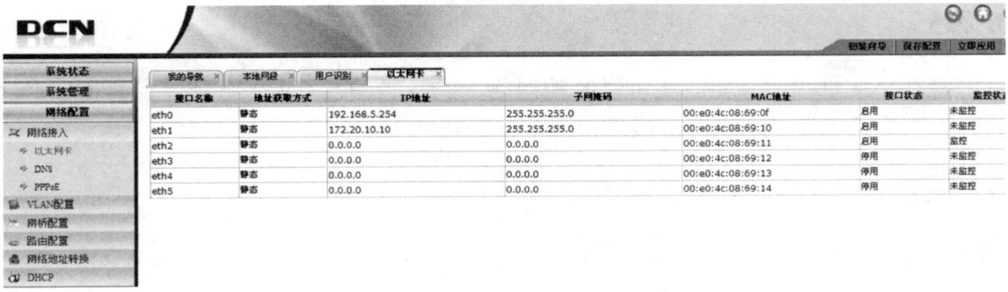

DCN
初始向导
保存配置
立即应用
系统状态
系统管理
网络配置
网络接入
以太网卡
DNS
PPPoE
VLAN配置
网桥配置
路由配置
网络地址转换
DHCP
我的导航
本地网段
用户识别
以太网卡
接口名称
地址获取方式
IP地址
子网掩码
MAC地址
接口状态
eth0 静态 192.168.5.254 255.255.255.0 00:e0:4c:08:69:0f 启用 未监控
eth1 静态 172.20.10.10 255.255.255.0 00:e0:4c:08:69:10 启用 未监控
eth2 静态 0.0.0.0 0.0.0.0 00:e0:4c:08:69:11 启用 监控
eth3 静态 0.0.0.0 0.0.0.0 00:e0:4c:08:69:12 停用 未监控
eth4 静态 0.0.0.0 0.0.0.0 00:e0:4c:08:69:13 停用 未监控
eth5 静态 0.0.0.0 0.0.0.0 00:e0:4c:08:69:14 停用 未监控

图 9-3 设置接口 IP 地址

配置 eth1 为管理接口，并配置 IP 地址，eth2 为监控接口，不用配置 IP 地址。

3. 在本地网段中添加需要监控的网段

进入到"安全管理"→"用户识别"→"本地网段"，将需要监控的网段加入到本地网段中，如图 9-4 所示。

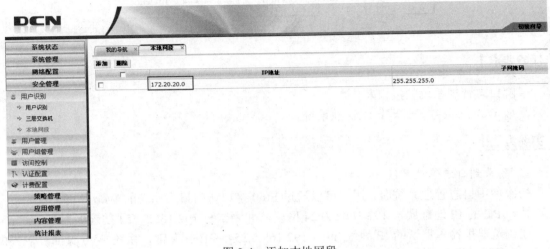

图 9-4　添加本地网段

【思考与练习】

理论题

管理 IP 可以更改吗？

实训题

1. 观察防火墙有哪些端口，了解每个端口作用。
2. 通过 Console 和 Web 方式连接日志管理系统。

任务 2　监控 QQ 和飞信等聊天信息

【任务描述】

日志管理系统部署完成后，就可以监控网络上的各种信息，本任务就是监控 QQ 和飞信等工具的聊天内容，并不需要相应的密码。

【任务要求】

监控 QQ 和飞信等工具的聊天内容。

【实现方法】

1. 添加应用规则

进入"应用管理"→"应用规则"→"规则配置",添加应用规则,应用类别选择即时聊天,应用项目选择 QQ 或飞信,具体如图 9-5 所示。

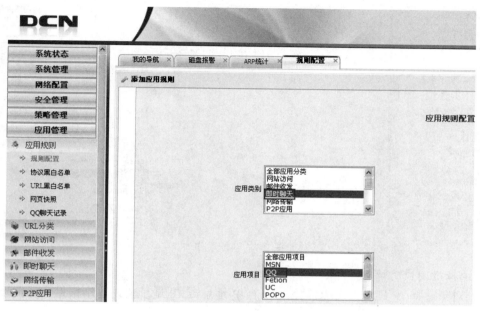

图 9-5　添加应用规则

2. 匹配内容

匹配内容处写入"*",全匹配,具体如图 9-6 所示。

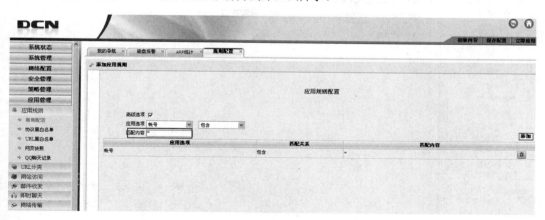

图 9-6　匹配内容

3. 匹配动作

时间对象处选择任意时间或自己可以建立一个时间对象,只监控某一段时间。匹配动作选择记录,具体如图 9-7 所示。

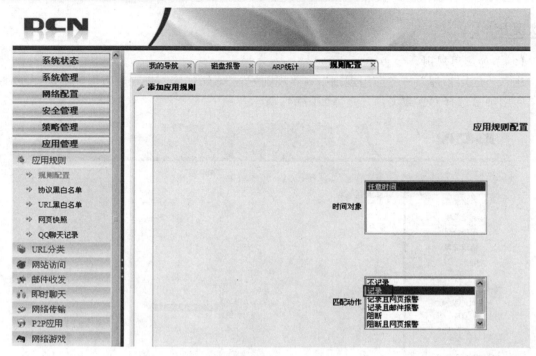

图 9-7 匹配动作

4. 选择规则应用对象

规则对象选择 IP 地址，可以监控某一个 IP 地址或 IP 地址段，这个根据实际需要选择，具体如图 9-8 所示。

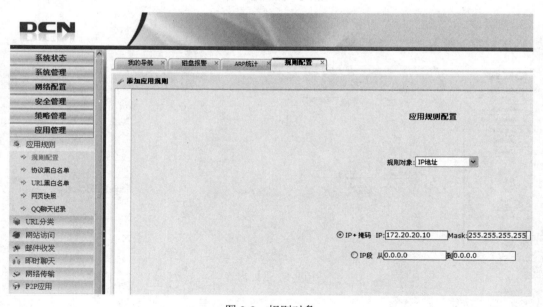

图 9-8 规则对象

完成后的规则如图 9-9 所示。

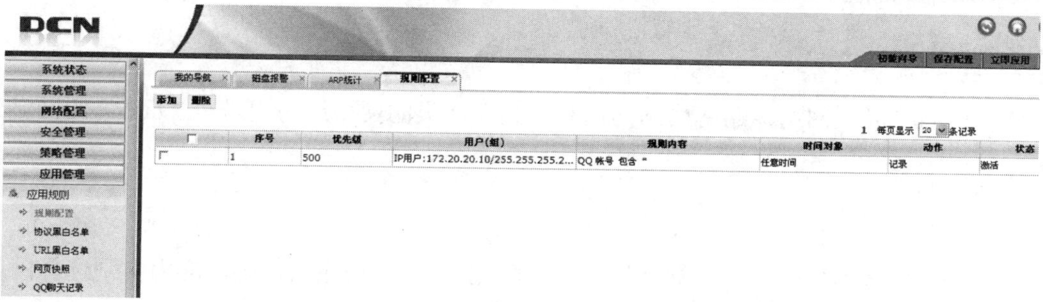

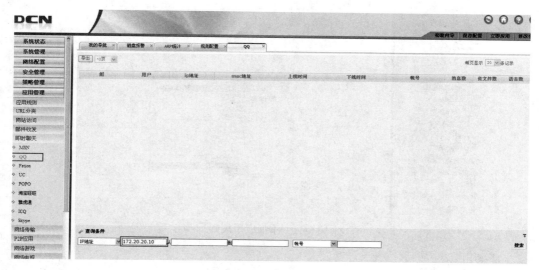

图 9-9　完成后的规则

5. 查看聊天信息

进入"应用管理"→"即时聊天"→"QQ 或飞信",查看监控范围内的聊天信息,具体如图 9-10 所示。

图 9-10　规则对象

【思考与练习】

实训题

1. 在星期一上午 9:00 至下午 1:00 不监控飞信聊天信息。
2. 监控某台电脑下载信息。

任务 3　禁止访问某些网站配置

【任务描述】

日常生活中某些用户可能浏览一些非法的网站或网址,需要阻止此类访问。

【任务要求】

禁止访问"成人网站,赌博网站,反动言论"之类的网站或访问带有"sina"的网站。

【实现方法】

1. 添加应用规则

进入"应用管理"→"应用规则"→"规则配置",添加应用规则,应用类别选择网站访问,应用项目选择网页浏览,具体如图 9-11 所示。

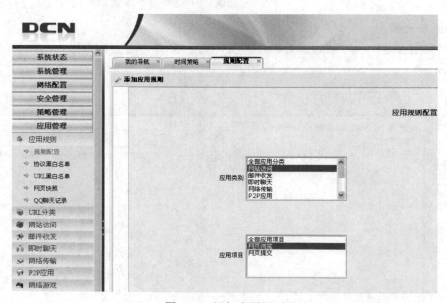

图 9-11　添加应用规则

2. 匹配内容

例如,禁止访问 URL 含有"sina"的网站,应用选项选择 URL 地址,匹配内容为"sina",具体如图 9-12 所示。

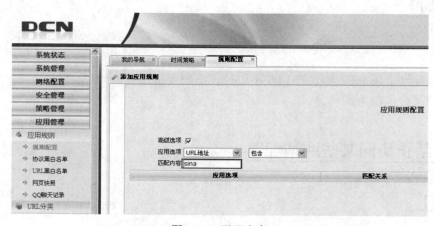

图 9-12　匹配内容

例如禁止访问"成人网站，赌博网站，反动言论"等类别的网站，如图9-13所示。

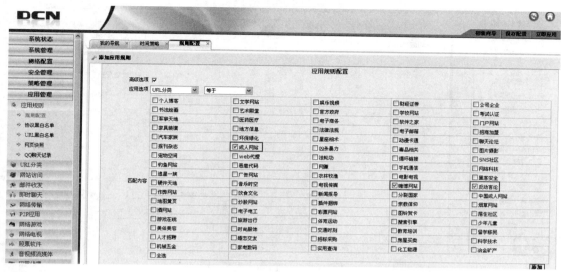

图9-13　匹配分类网站内容

3. 匹配动作

时间对象处选择任意时间，匹配动作选择阻断，具体如图9-14所示。

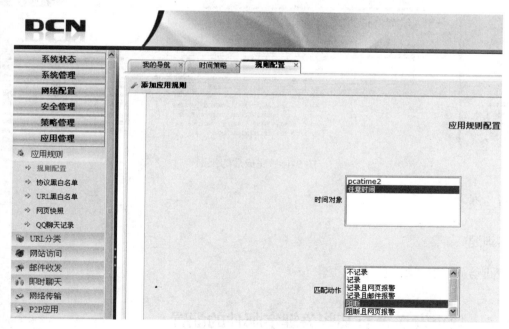

图9-14　匹配动作

4. 选择规则应用对象

规则对象选择 IP 地址，可以监控某一个 IP 地址或 IP 地址段，这个根据实际需要选择，具体如图9-15所示。

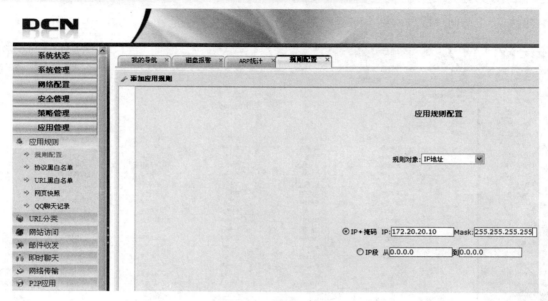

图 9-15　规则对象

完成后的规则如图 9-16 所示。

图 9-16　完成后的规则

【思考与练习】

实训题

禁止访问带有"游戏"的网页。

任务 4　禁止发送含有某些关键字邮件的配置

【任务描述】

日常生活中某些用户可能发送一些非法的内容，也可以对这样的内容进行过滤和阻止。

【任务要求】

禁止发送某些敏感字眼的邮件。

【实现方法】

1．添加内容规则

进入"内容管理"→"内容规则"→"规则配置",添加内容规则,内容类别选择邮件内容,具体如图 9-17 所示。

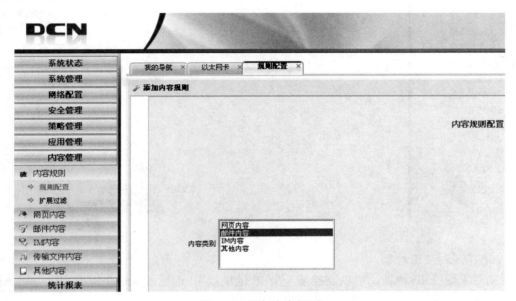

图 9-17　添加内容规则

2．匹配内容

主题、正文、附件名的匹配内容为如图 9-18 所示。

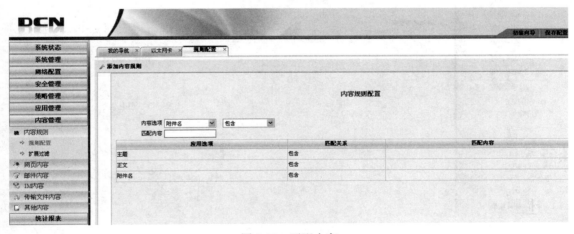

图 9-18　匹配内容

3. 匹配动作

时间对象处选择任意时间，匹配动作选择阻断，具体如图9-19所示。

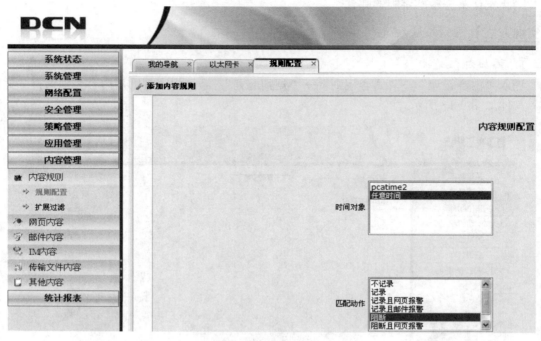

图9-19　匹配动作

4. 选择规则应用对象

规则对象选择IP地址，可以监控某一个IP地址或IP地址段，这个根据实际需要选择，具体如图9-20所示。

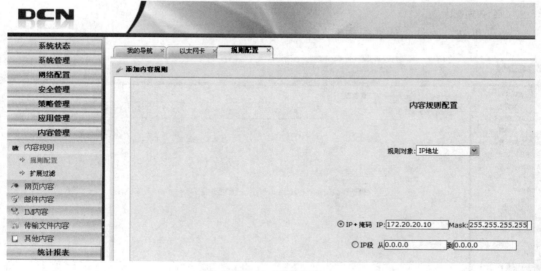

图9-20　规则对象

完成后的规则如图 9-21 所示。

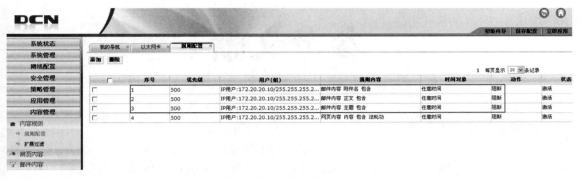

图 9-21　完成后的规则

【思考与练习】

实训题

禁止发送某些敏感字眼的邮件。

参考文献

[1]   李拴保，等．信息安全基础．北京：清华大学出版社，2014．

[2]   刘永华，等．网络信息安全技术．北京：中国铁道出版社，2011．

[3]   杨文虎，等．网络安全技术与实训．北京：人民邮电出版社，2014．

[4]   张博，孟波．常用黑客攻防技术大全．北京：中国铁道出版社，2011．

[5]   鲍洪生，等．信息安全技术教程．北京：电子工业出版社，2014．

[6]   贾如春，等．网络安全实用项目教程．北京：清华大学出版社，2015．

[7]   谢冬青，等．计算机网络安全技术教程．北京：机械工业出版社，2007．

[8]   神州数码．防火墙命令、使用手册．

[9]   神州数码．上网行为管理用户手册．

[10]   神州数码．流量整形用户手册．